毫米波与太赫兹天线测量技术

俞俊生　　陈晓东　著

科学出版社

北京

内 容 简 介

本书主要介绍毫米波及太赫兹频段下天线测量的基本方法及基本原理，特别是对紧缩场测量系统进行了详细的论述。书中涉及的三反镜系统是我国第一套工作于毫米波及太赫兹频段的多反射镜紧缩场系统。

本书适合航空航天、雷达、射电天文探测及电子工程领域从事天线设计及测试的相关研究人员及工程人员使用。

图书在版编目(CIP)数据

毫米波与太赫兹天线测量技术/俞俊生，陈晓东著. —北京：科学出版社，2015

ISBN 978-7-03-046026-4

Ⅰ.①毫⋯　Ⅱ.①俞⋯　②陈⋯　Ⅲ.①微波天线-测量技术　Ⅳ.①TB822

中国版本图书馆 CIP 数据核字(2015) 第 246805 号

责任编辑：鲁永芳/责任校对：钟　洋
责任印制：吴兆东/封面设计：耕　者

科学出版社 出版
北京东黄城根北街 16 号
邮政编码：100717
http://www.sciencep.com
北京凌奇印刷有限责任公司印刷
科学出版社发行　　各地新华书店经销
*
2015 年 10 月第　一　版　　开本：720×1000 1/16
2024 年 4 月第八次印刷　　印张：10 3/4
字数：204 000
定价：68.00 元
(如有印装质量问题，我社负责调换)

序

　　从 20 世纪初意大利工程师马可尼发明无线电通信以来，到第二次世界大战雷达发明，无线电技术得到了飞速的发展，从极低频 (波长 3000km 以上) 到微波 (波长从 1~300mm)，得到了广泛的应用，长波通信 (潜艇)、中短波广播、微波地面通信、卫星微波通信、导航、移动通信 (包括手机)、雷达、微波遥感等领域得到了广泛的应用，反过来也推动了无线电技术本身的发展，如信号源技术、电路技术、接收技术、天线技术、测量技术、数字处理技术等，应该说，在波长为 8mm 以上即频率在 40GHz 以下技术最为成熟，应用的最为广泛，国内外已有大量的器件、部件产品可购买，所要研究的问题为各种实际应用系统的实现，如高分辨率雷达、抗干扰通信系统、宽带通信及数据传输等，这些产品大大改善了人类的信息交换水平，在军、民领域发挥了极大的作用，可以说现代信息社会的构架是建立在无线电波的基础之上。但波长在 1mm 以下到 0.1mm，频率大体在 300~3000GHz，这一频段最高已接近超远红外的边缘，也称之为太赫兹 (terahertz) 波，是国内外近 20 多年研究的热点，在这一波段，电磁波既具有无线电波的性质又有一定的光学性质，与普通微波相比，具有一定的穿透性，但衰减较大，天线尺寸可以做得更小，用来探测时其分辨率可以更高，因此太赫兹可用来机场、码头等人员集结处的安全检查，短距离的大容量通信等。同时大气中的氧、氢、碳、水分子与某个特定波长的太赫兹有明显的吸收作用，因此太赫兹在利用卫星对大气的上述成分进行探测，从而反演分析降雨、污染等，在气象、环保等领域具有很高的使用价值。太赫兹的另一应用在卫星上用来测量宇宙背景的电磁辐射，目前已发射的空间天文卫星约 100 颗左右，所测量的谱段已覆盖了整个电磁波的范围，最高已达到 γ 射线 (波长小于 0.02nm，与原子直径相当)，通过测量这些宇宙大爆炸所产生的电磁波痕迹，来证明宇宙大爆炸理论的起源、暗物质暗能量的存在等，目前已发射和将在 10 年内发射的微波与太赫兹天文卫星约有 20 多颗，其中 1989 年发射的 COBE 卫星其成果宇宙微波背景辐射的各向异性曾获得 2006 年诺贝尔奖，因此研究太赫兹波的重要性可见一斑。在太赫兹应用系统 (指专用于通信、遥感的专门设备) 的研制中，首先遇到的是如何测试所设计的产品的性能，其中辐射性能 (方向图、增益等) 的测试最为复杂，目前国际通用的有近场与远场测量法，这两种方法针对不同天线形式各有特点，在远场法中，用多个反射面在短距离内产生的平面波的测试环境称之为紧缩测试场 (CATR)，具有测试快捷、测试结果直接等特点，已成为太赫兹系统辐射特性测试最为流行的方法。本书主要论述太赫兹系统的辐射特性测量方法及其分析方法，集中反映了以俞俊生教授领导的团队在近十年所取得的成果，特别是在北京邮电大学建成了国内首个 100GHz 以上的三反面紧缩测试场 (TCATR)，可以说俞俊生是国内太赫兹测试系统研制的开拓者与先驱，为国内应用系统的研制打下了良好的基础，本书既可以作为微波等相关专业研究生的教学参考书，也可供从事这方面研究的技术人员使用，相信有了这一本书的良好开端，国内将兴起太赫兹的实际应用系统的研制的高潮，逐步缩小与国际水平的差距，在不远的将来可以看到国产的太赫兹产品的出现并得到广泛的应用。

中国空间技术研究院

尤　睿

前　言

毫米波与太赫兹技术在世界范围内经历着飞速的发展。这种令人鼓舞的现象不仅仅是因为毫米波与太赫兹波本身潜在的科学内涵，也是由于其广阔的应用场景。毫米波与太赫兹波的波长在 0.1~10mm 的量级，其空间分辨率是微波所不能比拟的。同时，其频率范围所对应的光子能量远远小于 X 光所对应的光子能量。因此，其所造成的人体伤害是非电离的。目前，毫米波与太赫兹技术已有广泛的应用，如空间技术、成像、遥感、生物检测等。本书的内容是基于作者十多年的研究成果，肇始于作者对准光技术的研究。作者及作者的团队在研究准光技术的过程中发现，毫米波以及太赫兹技术所采用的天线系统在很多应用场景下都是电大尺寸的天线。而采用传统的远场测量方法及近场扫描方法都有其各自的缺点。例如，远场测量方法要求测量系统与被测天线的距离符合天线远场公式。而在太赫兹波段，这个距离可能超过 10 千米。考虑到水汽对毫米波与太赫兹波的吸收，以及非屏蔽的测试环境，远场方法基本不可能用于太赫兹波段大口径天线的测量。再例如，近场测量的缺点在于扫描时间过长、扫描精度要求高。这些要求所带来的衍生问题是对测量系统的时间稳定性和机械稳定性的严苛要求，最后转化为天线测量的相位稳定性的问题。因此，近场测量的时间负担相对来说比较重，同时还可能有多次测量结果不一致问题。作者及作者的团队在研究紧缩场技术的过程中发现，紧缩场的造价问题及口径效率问题是其主要的障碍。通过近十年的研究，作者所带领的团队终于攻克了一个个难题，不仅成功解决了口径利用率的问题，还通过技术手段有效地减小了反射面的尺寸。当然，我们所面临的诸多问题在解决过程中得到了国内外不少同行专家和相关单位的帮助。包括中国空间技术研究院、中国电子科技集团第 41 研究所、第 54 研究所、中国科学院电子所、中国科学院空间技术中心等。在此，难以一一举例，一并表示感谢。本书撰写过程中刘小明老师、陆泽健博士、刘海瑞博士、硕士研究生王婧娟、晁永辉、刘凯、赵曛都付出了辛勤的汗水；在技术讨论过程中，姚远副教授、杨诚博士都提供了有益的帮助。中国空间技术研究院尤睿研究员审读了书稿，提出了宝贵的修改意见，并欣然为本书写了序。在此，作者表示衷心的感谢！

另外，作者郑重声明，毫米波及太赫兹天线测量技术博大精深。囿于作者的学识和能力，加之时间仓促，书中难免有不妥甚至错误的地方，希望作者批评、指正。

编　者

俞俊生　陈晓东

目　　录

第1章　绪　　论

1.1　毫米波与太赫兹技术的发展与应用

毫米波的频率是从 30GHz 开始到 300GHz，亚毫米波则为 300~3000GHz 的频率区间；而太赫兹波的分法则不同，其中一种认为是 0.3~10THz 的频率区间。因此可以认为亚毫米波实际上是太赫兹波段的一部分。从电磁波谱图上可以看到，如图 1-1 所示，毫米波与太赫兹波位于微波与红外线之间，其波长则位于 0.03~10mm。一方面，这个频段的电磁波波长相对微波来说较短，其传播特性及系统特性都有不小的差别；另一方面，它与更高频段的电磁波相比，电离能力相对较弱，因此在一些应用上更有优势，如成像、生物样品测量。

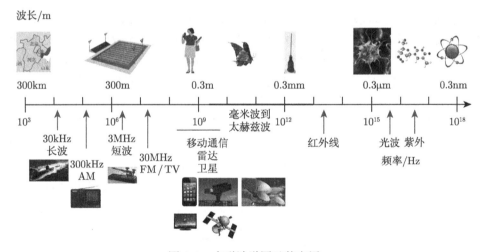

图 1-1　电磁波谱图及其应用

毫米波与太赫兹技术在空间、成像、遥感等领域有着广泛的应用前景，如图 1-2 所示。

从图 1-2 可以看到，毫米波与太赫兹技术的应用已经发展到多学科、跨学科的广泛领域。在空间领域，除了传统的通信系统外，主要还有射电天文及深空探测；在遥感领域，目前的应用主要是地球遥感、气象卫星等；而毫米波及太赫兹技术应用于成像则可以用于反恐、安检以及雷达探测；在生物领域，毫米波与太赫兹技术可以用于生物样品的测量以及生物特征谱线的研究与探测。下面将主要介绍毫米波与太赫兹技术在这几个领域的应用及其相关的系统，特别是这几种应用中的传输系统及天线系统。

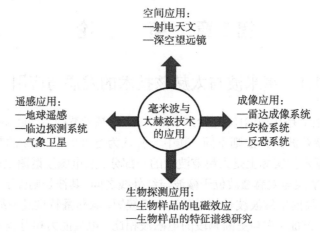

图 1-2 毫米波与太赫兹技术的应用

空间应用。毫米波与太赫兹技术在空间领域的应用推动毫米波与太赫兹技术的快速发展。国际上已有不少成功的应用案例。多数的天体不仅辐射出可见光，也发射出无线电波。我们对宇宙的认识，几乎大部分都来自接收到的电磁辐射。而射电天文及深空探测技术主要是通过电磁波技术研究天体，通过对接收信号的分析来研究分子云与恒星形成等。通常射电窗口的波长可以从 10m 到 0.1mm 甚至更短。射电波段的物理机制与光波段的热辐射是不一样的，因此其系统设计也是不一样的。通常，射电仪器要求处理幅度和相位的问题。

近几年来，各种航天器的毫米波和亚毫米波系统逐渐增加，其工作频率也越来越高。例如，地基观测站有波多黎各岛阿雷西博天文台，它是美国最重要的射电天文、行星探测和地球超高层气流物理学的研究中心，其单面射电天文望远镜的直径达 306m，如图 1-3 所示；ALMA(Atacama large millimeter array) 巨型毫米阵列，如图 1-4 所示；我国紫金山天文台也建有多个毫米波地基观测站。再例如，深空探测器方面，最新的报道有 2009 年欧洲空间局 (ESA) 发射的 Planck 及 Herschel 天文望远镜分别能够工作到 1THz 和红外波，如图 1-5 所示。Planck 主反射镜的直径为 1.5m，而 Herschel 主反射镜的直径为 3.5m[3,4]。

遥感应用。遥感的一种重要的形式是通过机载辐射计系统探测地球的云层，如探测云层中水气含量、云层温度以及云层分布。这对于掌握地球气象系统的相关数据，如预测降雨量、掌握台风等灾害性天气动向都有着极其重要的应用价值。例如，欧洲空间局 Geophysica Bay 1 号上的 MARSCHALS（millimetre-wave airborne receivers for spectroscopic characterisation in atmospheric limb sounding）就是毫

 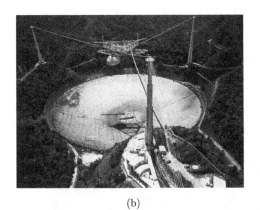

|(a)|(b)|

图 1-3 射电天文

(a) 深空探测; (b) 波多黎各岛阿雷西博天文台, 是美国最重要的射电天文、行星探测和地球超高层气流物理学的研究中心, 单面射电天文望远镜直经达 306m[1]

图 1-4 ALMA 巨型毫米阵列[2]

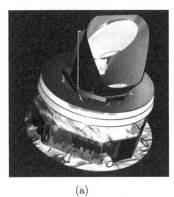 

|(a)|(b)|

图 1-5 (a)Planck 号太空船示意图, Planck 号太空船由欧洲空间局建造, 它将停留在地球 100 万英里 (1 英里 =1.609344km) 之外的太空中, 寻找 140 亿年前宇宙大爆炸时余留的放射物的痕迹[5]; (b)Herschel 天文望远镜, 其工作频率高达 5.3THz

米波辐射计模块，如图 1-6 及图 1-7 所示。MARSCHALS 的主反射镜的尺寸为 250mm；而带有红外与微波遥感器的 "风云三号" 卫星的毫米波工作频率已经达到 183GHz；"风云四号" 卫星毫米波和太赫兹载荷预研已经启动，其中工作频率最高可达 450GHz。可见，在我国未来的民用航天中，毫米波、亚毫米波系统也将得到进一步的发展和应用。

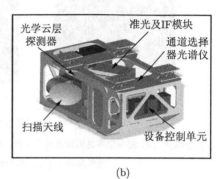

(a)   (b)

图 1-6　机械辐射计系统

(a) 欧洲空间局 Geophysica Bay 1 号及 MARSCHALS 所处位置[6]；(b)MARSCHALS 各种探测模块

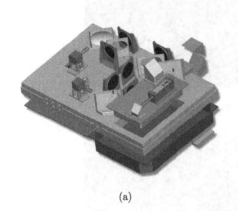
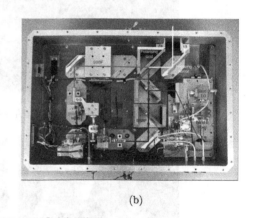

(a)   (b)

图 1-7　MARSCHALS 准光探测器

(a)MARSCHALS 探测器准光云层探测器模块工程图；(b)MARSCHALS 探测器准光云层探测器模块实物图[7]，包含 300GHz、325GHz、345GHz 三个通道，分别对应于 O_3、H_2O、CO 谐振点

　　成像应用。成像是毫米波与太赫兹领域的另外一个重要的应用领域。这个毫米波与太赫兹频率的特点在于：一方面与微波相比，其波长要小很多，因此其成像分辨率要高很多；另一方面与 X 射线相比，其光子能量比较小，不会造成电离伤害。正是由于其本身的优势，毫米波与太赫兹成像系统也在快速地发展之中。图 1-8 是一个工作于 600GHz 的亚毫米波成像系统。成像系统中包含一个直径为

1m 的主反射镜及一个稍小一点的平面副反射镜（sub-reflector，SR），其探测成像距离在 4~25m。而图 1-9 是该系统的成像场景及成像质量图，从图中可以清楚地看到，隐藏的武器能够清楚地分辨出来。这种系统对于反恐有着重要的应用价值，而这种主动式成像的工作原理是通过收集物体的散射信号来实现的。

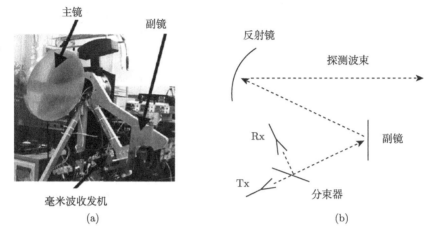

图 1-8　工作于 600GHz 的亚毫米波成像系统及光路图[8]

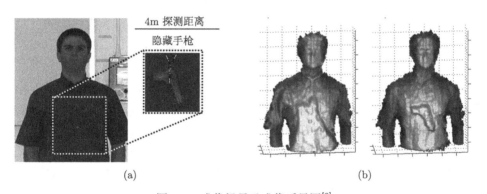

图 1-9　成像场景及成像质量图[8]

生物探测应用。毫米波在生物探测应用的机制比较复杂。其中一种方法是通过探测生物样品的特征谱线，另外一种是生物样品的电磁散射特性。前一种方法常采用准光传输技术，如图 1-10 所示的生物样品的特征谱线检测。这种方法利用反射镜面来控制电磁能量的传输，从而有效地控制电磁能量的分布。还有一种方法就是时域频谱技术（time domain spectroscopy，TDS）。时域频谱技术的电路结构图与准光技术有一些差别，但基本还是利用反射镜来控制电磁波的传输。

从前面的应用系统中可以看到，所有的应用系统基本都包括或者是天线系统，或者是电磁传输系统。实际上，电磁传输系统也主要是由反射镜面组成的。

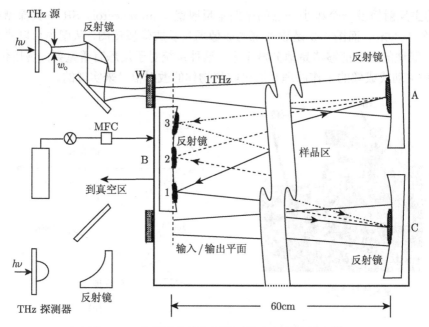

图 1-10　生物样品谱线探测系统内部传输结构[9]

1.2　天线远场及近场测量技术

为了保证微波辐射计及各种系统的工作质量，必须对辐射计系统及各种系统进行精确的测量。但测量毫米波亚毫米波段的卫星天线系统，特别是电大尺寸系统是一个普遍性的难题。深空探测系统一般都是采用电大尺寸的反射面系统，如Planck 探测器，天线口径长达 1.5m，工作频率高达 1THz，这给天线测量带来了很大的困难。因此，欧洲空间局对 Planck 飞船的天线系统只进行了 320GHz 以下频率的测量，并且只选用了紧缩场（compact antenna test range，CATR）天线测量系统。在微波辐射计天线测量方面，一般分为三种测试方法：一是直接进行远区场测量；二是通过近场扫描再推导出远场；三是通过紧缩场测量。但在毫米波、亚毫米波段，大口径天线的远场达几百米，甚至几千米。大气的强吸收及背景辐射使得远场测量无法实现。在近场测量中，要进行大量的场点扫描，所耗时间很长，并且在扫描过程中，机械精度会对幅度产生很大的影响。而长时间扫描，会使扫描相位产生难以控制的偏移。因此，近场扫描受到时间与精度的限制。而紧缩场系统能在较小的空间内产生准平面波，不仅没有远场测量的长距离要求，解决了大气吸收的问题；同时，在室内建造紧缩场系统，可以有效地控制背景辐射，并且还能控制温度等一系列的参数，满足不同的工作系统要求，以及克服近场测量耗时长的缺点。另外，测量精度由于不受机械系统及相位漂移带来的限制，也有很大的提高。所以紧缩场系统是解决气象、海洋、环境、深空探测器的天线测量的合理、有效方法。

天线的特征参数比较多，如增益、方向图、极化等。这些参数的定义基本是在远场条件下，如增益的定义就是**在相同的输入功率的条件下，天线在某个方向上的辐射功率密度与点源无方向性天线在该方向上的辐射功率密度之比。**用数学表达式可以表示为

$$
\begin{aligned}
G(\theta, \varphi) &= \left. \frac{\frac{1}{2} \boldsymbol{E}_{\mathrm{Ant}}(\theta, \varphi) \times \boldsymbol{H}^*_{\mathrm{Ant}}(\theta, \varphi)}{\frac{1}{2} \boldsymbol{E}_0 \times \boldsymbol{H}^*_0} \right|_{P_{\mathrm{in\_Ant}} = P_{\mathrm{in\_0}}} \\
&= \left. \frac{|\boldsymbol{E}_{\mathrm{Ant}}(\theta, \varphi)|^2}{|\boldsymbol{E}_0|^2} \right|_{P_{\mathrm{in\_Ant}} = P_{\mathrm{in\_0}}}
\end{aligned}
\tag{1-1}
$$

式中，下标 Ant 代表被研究天线，而下标 0 表示点源无方向性天线。该定义中，其成立条件是远场环境下，也就是此时天线的电场与磁场方向成正交关系并与电磁波的传播方向成右手系。或者更明确地说，此时天线的辐射电磁波是平面波。因此，根据天线的互易性原理，天线测量的理想条件是在远场进行测量，也就是说，测量天线所需的入射场最好是均匀平面波[10,11]。

事实上，真正的均匀平面波是不存在的，因此，远场测量也只是在一定的程度上对平面波的近似，如图 1-11 所示。

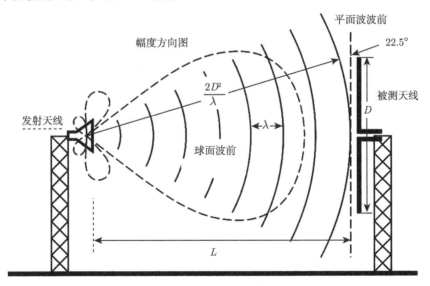

图 1-11 远场测试示意图

被测天线边缘的相位差决定了测试距离 L。示意图从文献 [11] 中修改而来

如图 1-12 所示，假设发射天线与被测天线相距 L，天线口径为 D。为近似表示平面波条件，在被测天线边缘电磁波的相位与被测天线中心电磁波的相位之差，应当小于 22.5°，也就是路程差相差 1/16 波长，也即

$$L_{\mathrm{p}} - L < \frac{\lambda}{16} \tag{1-2}$$

或

$$\sqrt{L^2 + \left(\frac{D}{2}\right)^2} - L < \frac{\lambda}{16} \tag{1-3}$$

也就可以得到

$$\frac{\left(\dfrac{D}{2}\right)^2}{\sqrt{L^2 + \left(\dfrac{D}{2}\right)^2} + L} < \frac{\lambda}{16} \tag{1-4}$$

在测试距离远大于测试天线尺寸的条件下，可以将式 (1-4) 化简成

$$\begin{cases} L > \dfrac{2D^2}{\lambda} \\ L \gg \lambda \end{cases} \tag{1-5}$$

在考虑电大尺寸天线远场测量时，通常只考虑式 (1-5) 中的第一个条件。

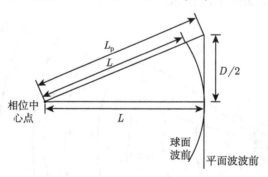

图 1-12 计算测试距离 L 示意图

但是远场测量电大尺寸的天线（特别是对于毫米波及更高频率的电大尺寸的天线）有一个困难，就是测试距离过长。可以估算一下，一个 1.5m 口径的天线（如 Planck 所用的天线），工作频率在 300GHz 时，可以计算出，测试距离为 4.5km。这个距离对于远场测试是一个比较大的挑战。一方面，这么大的测试距离，对于天线的准直是一个问题。对于电大尺寸天线，其波束宽度都很小，通常都是点波束（pencil beam），要校准到其最大辐射方向是一项比较难的工作。另一方面，毫米波

的大气吸收比较严重，如图 1-13 所示，300GHz 时的吸收在每千米几十分贝左右，这对于动态范围受限的毫米波系统是一个严重的挑战。再一方面，户外不稳定的电磁环境对于测试是一个大的干扰因素。综上所述，实际上，远场测量方法很难应用到毫米波以及更高频段的电大尺寸天线的测量当中。

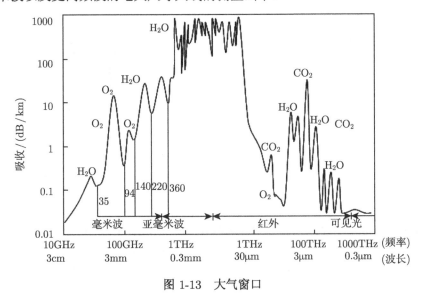

图 1-13　大气窗口

云层中的分子对不同频率的电磁波有不同的吸收效果，可以利用这一点进行大气探测。氧分子的吸收峰在 60GHz，120GHz 附近。水分子则在 23GHz，183GHz 附近，亚毫米波有一个在 320GHz 附近。四个大气窗口在 35GHz，94GHz，140GHz，220GHz

　　天线的另外一种测量方法是近场测量方法，这种方法相对远场测量方法来说，不要求很长的测试距离，可以在室内环境测量（也就是全天候环境），动态范围的要求相对松一点。事实上，近场测试方法应当称为近/远场转换测量方法，首先将天线的近场的电场强度及相位记录下后，进行近/远场（NF/FF）变换，最后得到远场的参数。

　　近场扫描方法中，主要有三种扫描面方案，即平面扫描面、圆柱扫描面以及球面扫描面，如图 1-14 所示。一般来讲，平面扫描面的测量方法比较适合于高增益天线的测量，因此特别适合于电大尺寸的反射面天线。

　　平面扫描一般是在两个垂直的方向上进行网格划分，然后在每个网格点进行取样。网格的步进长为 Δx 和 Δy。步进长的取值范围为

$$\Delta x, \Delta y \leqslant \frac{\lambda}{2} \tag{1-6}$$

也就是，其最大取值点小于半波长。当然，有一些研究在尽量地增大采样间距，从

而减小采样数据，以提高测量速度。

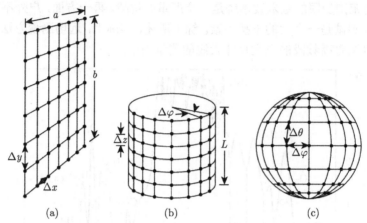

(a)　　　　　　　　　　　(b)　　　　　　　　　　　(c)

图 1-14　近场测量方法中三种扫描面方案

(a) 平面；(b) 圆柱面；(c) 球面

　　另外一个比较重要的问题是探头补偿的问题，如图 1-15 所示。因为探针的扫描过程是在天线的近场过程中进行的，有可能每个接收点的接收增益是不一样的，因此有必要进行探头补偿，使得每一点的接收增益一致，保证测量的准确性。

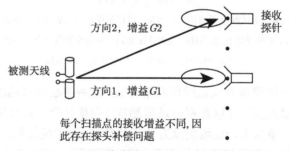

图 1-15　平面扫描机制及探头补偿的问题

　　测量近场后，要进行近/远场转换。假设已经得到了与扫描面平行的两个方向的近场，$E_{xa}(x, y, z = 0)$ 和 $E_{ya}(x, y, z = 0)$，则可以将其进行平面波展开

$$\begin{cases} f_x(k_x, k_y) = \displaystyle\int_{-b/2}^{b/2} \int_{-a/2}^{a/2} E_{xa}(x', y', z' = 0)\, \mathrm{d}x' \mathrm{d}y' \\ f_y(k_x, k_y) = \displaystyle\int_{-b/2}^{b/2} \int_{-a/2}^{a/2} E_{ya}(x', y', z' = 0)\, \mathrm{d}x' \mathrm{d}y' \end{cases} \tag{1-7}$$

而在远场，一般性的表达式为

$$\boldsymbol{E}(x, y, z) = \frac{1}{4\pi^2} \iint \boldsymbol{f}(k_x, k_y)\, \mathrm{e}^{-\boldsymbol{k}\cdot\boldsymbol{r}} \mathrm{d}k_x \mathrm{d}k_y \tag{1-8}$$

其中

$$\boldsymbol{f}\left(k_{x}, k_{y}\right)=f_{x}\left(k_{x}, k_{y}\right) \hat{\boldsymbol{x}}+f_{y}\left(k_{x}, k_{y}\right) \hat{\boldsymbol{y}}-\frac{f_{x}\left(k_{x}, k_{y}\right) k_{x}+f_{y}\left(k_{x}, k_{y}\right) k_{y}}{k_{z}} \hat{\boldsymbol{z}} \qquad (1\text{-}9)$$

而远场的渐近表达式为

$$\begin{cases} E_{\theta}\left(r, \theta, \varphi\right) \approx \mathrm{j} \dfrac{k \mathrm{e}^{-\mathrm{j}kr}}{2\pi r}\left(f_{x} \cos \varphi+f_{y} \sin \varphi\right) \\[3mm] E_{\varphi}\left(r, \theta, \varphi\right) \approx \mathrm{j} \dfrac{k \mathrm{e}^{-\mathrm{j}kr}}{2\pi r} \cos \theta\left(-f_{x} \cos \varphi+f_{y} \sin \varphi\right) \end{cases} \qquad (1\text{-}10)$$

平面扫描方式的一个限制就是其外推角度是有限的。外推角度的计算示意图如图 1-16 所示。这种方法适合于高增益天线的原因是，高增益天线的角度比较小，大部分的能量集中在一个比较窄的波束范围内。如果要测量半个球面的辐射方向图，则扫描平面要无穷大，显然是不现实的。

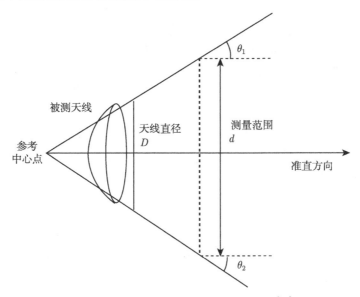

图 1-16　平面扫描方式的外推角度范围[12]

平面扫描的数据量存储是近场扫描的一个大问题。如果天线的尺寸是 100 倍波长，则采样点最少要 200×200 个点，也就是 40000 个点。如果天线的尺寸等同于前面所提到的 Planck 天线（1000 倍波长），则采样点要达到 400 万个点，此时的存储量就相当可观了。另外，数据量大带来的问题也是值得思考的。采样所需要的时间包括电机的步进时间 t_{step} 和数据采样的时间 t_{sampling}。假设，采样点为 N，则总共的采样时间为

$$T=N\left(t_{\text{step}}+t_{\text{sampling}}\right) \qquad (1\text{-}11)$$

随着采样点的增长，时间也呈线性增长。通常的测量要达几天，甚至一个月以上。长时间的测量带来的问题包括：测量系统本身的稳定性，这包括机械设备和电子设备的稳定性；工作环境的稳定性。最后，这些影响因素归结为对测量场幅度和相位稳定性的影响，尤其是对相位的稳定性影响更大。

随着工作频率的增大，这些影响因素对天线测量结果造成的影响也越来越明显，特别是在毫米波及亚毫米波波段，近场测量方法越来越难适应电大尺寸天线的测量。

1.3 紧缩场天线测量方法

紧缩场系统，是在一个相对短的距离内、在一个小的区域内产生准均匀平面波。一般情况下，要在 20m 以内产生准均匀平面波。之所以称为准均匀平面波，原因是只有在一个小范围内和一定的误差容限内符合均匀平面波的标准。该误差容限也就是我们以后要用到的幅度抖动（有些地方称为幅度波纹）或相位抖动（或相位波纹）。这两个指标是紧缩场最重要的指标。一般情况下，幅度抖动可以在 ± 1.0dB 之内，而相位抖动在 $\pm 10°$ 之内。更高要求时，幅度抖动要求在 ± 0.5dB 之内，而相位抖动要求在 $\pm 5°$ 之内。另外一些指标 (如交叉极化隔离度、静区利用率等) 也是紧缩场系统性能的参数。

前面讨论过，天线测量最好在均匀平面波区域，但实际上的测量只能用远场测量。这样，球面波可以近似为一平面波。而紧缩场实际上不具备远场条件。要产生平面波，就要借助一定的工具。原理上说，任何能在相对较小空间内实现转换的区域都能称为紧缩场，但在实际应用中，反射面天线是应用最广泛的紧缩场天线测量方案。而最简单的就是单反射镜，如图 1-17 所示。单反射镜紧缩场天线测量系统的反射镜主要是抛物镜面，而馈源则置于抛物面的焦点处（准确地讲是其相位中心置于焦点处），由此可以保证出射场的相位是均匀的。但这种结构的一个明显缺点就是控制幅度比较困难。因此，后来又出现了双反射面紧缩场天线测量系统，可以同时控制相位与幅度的分布，如图 1-17 所示。

下面简单回顾紧缩场测量系统的发展历程。20 世纪 50 年代，人们开始了紧缩场的探索和研究[14,15]。1950 年，Woonton 等使用一个口径为 35 倍波长的金属平面透镜来产生平面波，但由于金属透镜边缘的绕射，效果并不理想。Chapman 曾使用聚苯乙烯等为材料制成介质透镜，由于介电常数较大，透镜表面发生较大反射，试验也不成功。1953 年，Mentzer 采用相对介电常数为 1.03 的泡沫材料制成一直径为 33 倍波长的介质透镜，如图 1-18 所示，获得了初步的成功，然而介电常数太小使得透镜焦径比较大，导致测试场并不 "紧缩"。

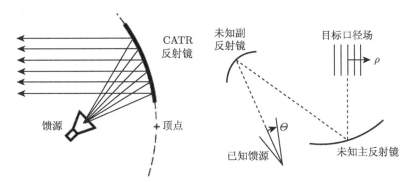

图 1-17 单反射镜和双反射镜紧缩场天线测量系统[11,13]

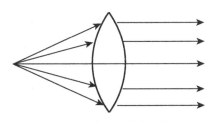

图 1-18 介质透镜紧缩场

20 世纪 60 年代开始，乔治亚理工学院的 Johnson 和他的同事取得了较为成功的紧缩场研究成果，他的研究也被视作现代紧缩场技术研究的开端[16-18]。Johnson 在 1969 年描述了紧缩场，更多的研究成果则在 1973 年和 1975 年发表。Johnson 设计了两种结构：一种是由一个抛物柱面和一个大型线源馈源构成；另一种采用小矩形喇叭馈源的点源场。由于前者的馈源只能有一种极化方式，Johnson 没有将其深入发展，对点源紧缩场的研究则取得了成功，并于 1974 年在乔治亚理工学院建成了一个直径 10ft(1ft=0.3048m) 的抛物面反射器，为以后的一系列发展奠定了基础。

科学亚特兰大公司（Scientific Atlanta，SA）敏锐地预测了天线和目标特性测量紧缩场系统的市场，并迅速制定了发展计划[19]。SA 公司进一步发展了 Johnson 在乔治亚理工学院的研究成果，并在 1974 年左右将其投入市场。他们的紧缩场使用了一种偏置抛物反射面，它由大小约为 5m 宽、3.5m 高的玻璃纤维组成，可以提供直径约 1.5m 的静区。这种场有特殊形状的边缘，以减小边缘绕射。很多年来，这种紧缩场天线测量系统成为相关行业的实际标准。

1976 年，Vokurka 在埃因霍芬理工大学（Eindhoven University of Technology）发展了一种采用两个抛物柱面反射面的双柱面紧缩场天线测量系统[20]。通过副反射面将点源发出的球面波转化为柱面波，再通过主反射面将柱面波（由等效线源发出）转化为平面波，它克服了 Johnson 设计中的极化限制。另外，由于具有较长等效焦距，所以比单反射面紧缩场具有更低的幅度锥削。而且，抛物柱面更容易达到较高的表面精度。

20 世纪 70 年代后期，Oliver 和 Saleeb[21] 证明用泡沫介质材料制作的透镜型紧缩场是可行的。Menzel 和 Huder[22] 随后展示，用一个固体介质透镜可以在 94GHz 上进行天线测量。

由于紧缩场造价高、技术难度大，所以尽管格雷戈里、卡塞格林双反射面天线测量技术早已成熟，但它们对应的紧缩场应用于 1989 年才分别由 Pistorius 等[23]、Steiner 和 Kampfer[24] 实现。格雷戈里紧缩场、卡塞格林紧缩场中的主、副反射面均分别建立在两个无回波室内，它们被统称为双室紧缩场。

反射面紧缩场研究的不断深入使得该项技术迅速成熟并得以实用，但在微波频率高端的特殊应用中，要使反射面精度满足起伏小于 0.01 倍波长 (root mean square, RMS) 的一般要求，就要付出很高的代价，此时介质透镜紧缩场、全息紧缩场成为经济实用的选择，透镜紧缩场、全息紧缩场的待测对象和馈源分别处于准直器的两侧，因此可以方便地在准直器周围放置吸波材料，削弱绕射对静区性能的影响。

近十年来，全息紧缩场技术由赫尔辛基理工大学（Helsinki University of Technology）的 Hirvonen、Ala-Laurinaho、Raisanen[25-27] 等发展起来并得以应用，如图 1-19 所示。当频率高于 200GHz 时，全息紧缩场成为很好的选择，但它的极化单一，频带较窄。好在它的成本不高，全息片的加工也方便，可以制作不同的全息片来满足不同极化和不同频带的紧缩场测量需求，这也使得全息紧缩场的建立相对反射面和透镜紧缩场要方便，在毫米波导引头、卫星通信与遥感等领域有很高的应用价值。

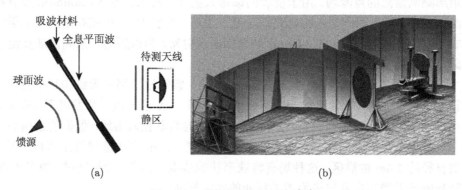

图 1-19　全息紧缩场示意图[28]

目前欧洲空间局已经建有多个不同类型的紧缩场暗室，其中用于有效载荷测试的紧缩场（compact payload test range, CPTR）静区截面最大尺寸超过了 8m。在紧缩场研究与应用方面，可以说欧洲空间局的研究机构取得的成果以及它所资助的研究项目代表了当今紧缩场技术的最高水平。

由于种种原因,国内对紧缩场的研究起步较晚,相对于国外在紧缩场设计、制造技术方面的发展,国内对紧缩场应用技术的研究还有些滞后,但也取得了很大的成果。北京航空航天大学何国瑜教授领导的课题组,深入研究了紧缩场原理与技术并付诸实践,已经建成了包括单旋转抛物面紧缩场、双抛物柱面紧缩场、单抛物柱面紧缩场、前馈卡塞格林紧缩场在内的多个反射面式紧缩场,这些紧缩场在国内一些重要科研院所中有了成功的应用。

北京航空航天大学研制成功了一个单反射面紧缩场 D2040[29],其反射面实体用多块面板拼装而成,单块面板成形基于 "点阵钉模、真空负压、蜂窝夹层" 精密成形工艺,平均精度达到 25μm,拼装后总体形面精度达到 40μm,通过优化电气布局、边缘设计和馈源设计,该紧缩场具有优良电性能。其实际设计静区尺寸为 3.7m,可以工作到 75GHz。北京航空航天大学电磁工程实验室研制的前馈卡塞格林紧缩场 K2010[30],其反射面采用铸铝机械加工方式,实体部分整体加工,边齿分块拼接,加工均方值误差为 50μm,因此根据百分之一倍波长上限频率的精度要求,其上限工作频率为 60GHz。使用精密样板进行馈源及反射面的定位调试,满足 2mm 的定位精度要求。其静区设计尺寸 0.8m×0.8m,静区内主极化的幅度和相位十分平坦,幅度波动在 1.5 dB 以内,相位波动在 20° 以内。

北京空间飞行器总体设计部及北京航空航天大学研制了一款单抛物柱面紧缩场 S1205V[31],反射面采用金属蜂窝结构、负压成型、钉床法柔性模具,其加工精度为 0.03mm,可满足 100GHz 的精度要求。静区尺寸为 $0.5m(H)×1.2m(W)×1m(L)$,为椭圆柱,工作频率为 8~40GHz。在 10GHz 时,幅度最大偏差为 0.4dB,相位最大偏差为 6°。

中国空间技术研究院与德国 Astrium 公司合作,建造了卡塞格林型双反射面补偿紧缩场 CCR-120/100[32],如图 1-20 所示。紧缩场暗室尺寸为 42m ×28m ×18m,主反射面尺寸为 12m ×10m,副反射面尺寸为 9m×8.6m,主、副反射面表面精度为 RMS 10~15μm,该紧缩场的测试中心静区尺寸为 $\varphi8m×L12m$,左、右扫描静区尺寸为 $\varphi5m×L12m$,最大扫描静区移动范围宽为 12.5m,紧缩场馈源扫描角范围为 −9° ~+5°。CCR120/100 紧缩场配备了大型待测设备转台,可承载卫星整星,最大弯矩 75 000N·m。目前仪器设备配置及暗室设计工作频率范围为 1~40GHz。CCR120/100 紧缩场测试中心静区的平面波质量:测试中心静区内幅度锥度为 ≤1dB;测试中心静区内相位锥度为 ≤5°;测试中心静区内幅度起伏为 ≤ ±0.5dB;测试中心静区内相位起伏 ≤ ±5°;测试中心静区内交叉极化电平为 ≤ −45dB。

从国内外紧缩场的发展来看,主要有三个趋势:①静区尺寸逐步增大,以满足载荷全尺寸测试;②静区背景改善,从 20 世纪 50 年代的 −20dB 发展到目前的

−60dB 甚至更低；③测试频段的扩展，从以前只能到几 GHz 到目前的几百 GHz。

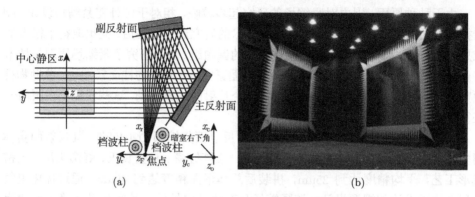

图 1-20　紧缩场中心静区示意图和实物图[32]

1.4　毫米波及太赫兹天线测量

毫米波天线的测量一直是个难题，在前面的部分已经提到过不少测量方法，但到目前为止都各自有各自的缺陷。从公开发表的文献来看，欧洲空间局的 Planck 飞船的天线测量只实现到 320GHz，而实际上其天线工作频率达到 800GHz；而 Herschel 飞船的天线则未能实现电性能的测量，其性能则是通过软件仿真的方法来评估的。

首先，我们已经阐述过远场测量方法不适合于亚毫米波的电大尺寸测量，而近场扫描方法则有时间及系统稳定性的问题。所以只有紧缩场可能是能解决毫米波与亚毫米波电大尺寸天线测量的方案之一。紧缩场分很多种，在前面的叙述当中提到了透镜式、反射面式及全息式。透镜式紧缩场在未来的发展中的可能性会越来越小，反射面式和全息式的紧缩场可能是比较有前景的。但从已有的文献来看，全息式的紧缩场占用的空间比较大，而且其双极化处理能力还有待提高。

对于传统的反射镜面式紧缩场，除了前面所提到的单反射镜面和双反射镜面外，实际上还有三反射镜面的紧缩场，该项技术最先是由伦敦大学玛丽女王学院 (QMUL) 发明的，其结果如图 1-21 所示。单反射镜的优点在于简单，缺点也很明显，其口径利用率过低，在 30%~40%，对边缘进行处理能提高口径利用率，但这种处理带来的效益毕竟有限。因此，在成本上，单反射镜紧缩场方案不占优，原因在于加工大的反射镜的成本是呈指数增长的。双反射镜一般有两种方案：一种是用两个差不多大的反射镜实现，另一种是完全用赋形镜以提高口径利用率。这两种方案的缺点仍然是造价的问题。两个差不多大的反射镜同样增加了建造成本。另外，赋形镜的加工比标准镜面的加工要复杂得多，成本自然也要高。而三反射镜的优点在于, 它的主反射镜面是标准镜面, 而两个副反射镜相对来说要小很多, 只有主反射镜的三分之一大, 对于加工来说减小了难度。另外, 这种方案的口径利用率可以达到 70%甚至更高。再次, 这种结构的方案比较灵活, 可以适用于不同指标的应用, 如静区平坦度或者交叉极化隔离度。

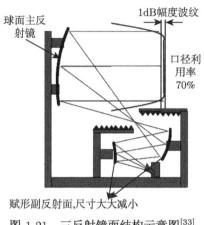

图 1-21　三反射镜面结构示意图[33]

对于毫米波波段的镜面, 表面粗糙度和形面精度是一个比较难的问题。目前, 国际上的形面精度能做到 2μm 左右 (RMS), 光洁度也能达到纳米级。但在加工大的反射镜面时, 这些指标都比较难达到。而紧缩场则要求最好形面精度和表面粗糙度达到百分之一倍波长, 这一点还有待加工工艺的进一步提高。

实际上, 除了以上方法外, 还有另外一些方法, 如机械加电磁仿真的方法[4]。这种方法的操作比较复杂, 其主要步骤是先用光学方法测量天线的形面参数, 然后将这些形面参数输入物理光学 (PO) 法的软件中进行计算。另外, 在多个低频点进行测量, 并将测量结果与仿真结果进行对比。如果两者吻合得比较好, 则可以认为天线的性能符合要求。但实际上, 这种方法的复杂度和计算量不比前面任何一种方法小, 原因在于, 机械测量形面参量本身就是一项复杂的工程。但这种方法已经成功地应用于 Planck 飞船的天线评估工作。尽管如此, 此项技术还需要更多的案例来证实。

表 1-1 是各种测量方法的优劣性比较。

总之, 毫米波与亚毫米波电大尺寸天线的测量是一个挑战。以上的分析和总结只是阶段性的, 难免不周全, 仅供读者参考。

要特别感谢的是, 本书在出版过程中得到了国际合作项目 (用于大气探测太赫兹分谐波混频技术联合研究) 的资助, 项目编号: 2014DFA11110。

表 1-1　毫米波与亚毫米波天线测量方法的对比

	基本特点	优缺点	实用性
远场	球面波近似为平面波测量	距离远，室外环境不稳定，大气吸收强	不实用
近场	扫描法，间接测量法	方案简单，室内环境，扫描时间长，系统稳定性要求高，系统精度要求高	可用，但高于 500GHz 时问题会比较突出
机械加电磁仿真	测量形面参数，然后用电磁仿真计算方法	机械测量系统本身比较复杂，计算时间过长	可用，但机械测量过于复杂
紧缩场	短距离内产生准均匀平面波	室内环境，全天候测量，吸收小，测量时间短	较实用

参 考 文 献

[1]　http://www.arecibo-observatory.org

[2]　http://www.nrao.edu/telescopes/

[3]　http://www.esa.int/esaMI/Operations/SEMQ044XQEF_0.html

[4]　Rolo L F, Paquay M H, Daddato R J, et al. Terahertz antenna technology and verification: Herschel and Planck—a review. IEEE Transactions on Microwave Theory and Techniques, 2010, 58(7): 2046-2063

[5]　Doyle D, Pilbratt G, Tauber J. The Herschel and Planck space telescopes. Proceedings of the IEEE, 2009, 97(8): 1-9

[6]　http://www.mmt.rl.ac.uk

[7]　Castelli E, Dinelli B M, Del Bianco S, et al. Measurement of the Arctic UTLS composition in presence of clouds using millimetre-wave heterodyne spectroscopy. Atmospheric Measurement Techniques Discussions, 2013, 6(2): 3129-3180

[8]　Cooper K B, Dengler R J, Nuria L, et al. Penetrating 3-D imaging at 4- and 25-m range using a submillimeter-wave radar. IEEE Transactions on Microwave Theory and Techniques, 2008, 56(12): 2771

[9]　Harmon S A, Cheville R A. Part-per-million gas detection from long-baseline THz spectroscopy. Applied Physics Letters, 2004, 85(11):2128-2130

[10]　李莉. 天线与电波传播. 北京：科学出版社，2009

[11]　Balanis C A. Antenna Theory—Analysis and Design. New Jersey: Wiley–Interscience, 2005

[12]　Newell A C. Error analysis techniques for planar near-field measurements. IEEE Transactions on Antenna and Propagation, 1988, 36(6): 754-768

[13]　Jørgensen R, Padovan G, Maagt P D, et al. A 5-frequency millimeter wave antenna for a spaceborne limb sounding instrument. IEEE Transanctions on Antennas and Propagation, 2001, 49(5): 703-714

[14]　Woonton G A, Borts P B, Caruthers J A. Indoor measurements of microwave antenna

radiation patterns by means of a metal lens. J. Appl.Phys., 1950, 5(21): 428-430

[15] Menzer J R. Antenna range for providing a plane wave for antenna measurements. Proc. IRE, 1953, 41(2): 252-256

[16] Johnson R C. Antenna range for providing a plane wave for antenna measurements: U.S.A., 3.302.205. 1967-1-31

[17] Johnson R C, Ecker H A, Hollis J S. Determination of far field patterns based on near field measurements. Proc. IEEE, 1973, 61(12): 1668-1694

[18] Johnson R C. Performance of a compact antenna range. IEEE hat. Symp. on Ant. and Prop., Illinois, U.S.A., 1975

[19] Scientific Atlanta Inc. The compact range. Microwave J., 1974, 10(17): 30-32

[20] Vokurka V J. New compact range with cylindrical reflectors and high efficiency. I.E.Z, Symp. on Microwaves, Munich, 1976

[21] Oliver A D, Saleeb A A. Lens type compact antenna range. Elctronics Letters. 1979, 15(5): 409-410

[22] Menzel W, Huder B. Compact range for millimter-wave frequencies using a dielectric lens. Electron. Lett., 1984, 9(13): 768, 769

[23] Pistorius C W I, Clerici G C, Burnside W D. A dual chamber Gregorian subreflector system for compact range application. IEEE Trans. Ants. Prop., 1989, 37(5): 305-313

[24] Steiner H J, Kampfer N. A new test facility for EM field measuring of large antenna systems up to 200GHz. Proc.9th European Microwave Conference, 1989: 480-485

[25] Hirvonen T, Ala-Laurinaho J P S, Raisainen A V. A compact antenna test range based on a hologram. IEEE Tran. Ant. Prop., 1997, 45(8): 1270-1276

[26] Raisanen A V, Hirvonen T, Ala-Laurinaho J P S. Measurements of high gain antennas at millimeter wavelengths using a hologram CATR. Physics and Engineering of Millimeter and Submillimeter Waves. MSMW'98, Third International Kharkov Symposium, 1998, 1: 35-39

[27] Saily J, Ala-Laurinaho J P S, Raisanen A V. Test results of 310GHz hologram compact antenna test range. Electronics Letters, 2000, 36(2): 111, 112

[28] Lönnqvist A. Applications of hologram-based compact range: Antenna radiation pattern, radar cross section, and absorber reflectivity measurements. Helsinki University Ph.D Thesis, 2006.

[29] 全绍辉, 何国瑜, 徐永斌, 等. 一个高性能单反射面紧缩场. 北京航空航天大学学报, 2003, 29(9): 767-769

[30] 陈海波, 何国瑜. 前馈卡塞格伦紧缩场设计与检测. 北京航空航天大学学报, 2005, 31(11): 1181-1184

[31] 陈海波, 何国瑜. 单抛物柱面紧缩场检测方法. 航天器工程, 2009, 18(4): 89-93

[32] 张晓平. 卫星整星状态下的紧缩场测试技术. 航天器环境工程, 2006, 23(4): 194-200

[33] http://antennas.eecs.qmul.ac.uk/facilities/MMWaveCATR.html

第 2 章　基 本 理 论

2.1　坐 标 系 统

2.1.1　矢量运算

电磁场中遇到的大多数量可分为两类：标量和矢量。仅有大小的量称为标量。具有大小和方向的量称为矢量。矢量 A 可写成

$$A = Ae_A \tag{2-1}$$

其中，A 是矢量 A 的大小；e_A 是与 A 同方向上的单位矢量。矢量的大小称为矢量的模，单位矢量的模为 1。矢量 A 方向上的单位矢量可以这样表示：

$$e_A = \frac{A}{A} \tag{2-2}$$

矢量将用黑斜体字母表示，单位矢量用 e 来表示。

作图时，用一有长度和方向的箭头表示矢量，如图 2-1 所示。如果两矢量 A 和 B 具有同样的大小和方向，它们是相等的。如果两矢量 A 和 B 具有同样的物理的或几何的意义，则它们具有同样的量纲，我们可以对矢量进行比较。如果一个矢量的大小为零，称为零矢量或空矢量。同样可以定义面积矢量。如果有一面积为 s 的平面，则面积矢量 s 的大小为 s，它的方向按右手螺旋规则确定，如图 2-2 所示。

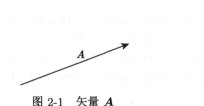

图 2-1　矢量 A

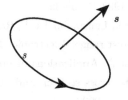

图 2-2　面积矢量 s

1. 矢量加和减

两矢量 A 和 B 可彼此相加，其结果给出另一矢量 C，$C = A + B$。矢量三角形或矢量四边形给出了两矢量 A 和 B 相加的规则，如图 2-3 所示。由此可得出：矢量加法服从加法交换律和加法结合律。

$$交换律：A + B = B + A \tag{2-3}$$

$$\text{结合律：} (A + B) + C = A + (B + C) \tag{2-4}$$

由 $C = A + B$，意味着一个矢量 C 可以由两个矢量 A 和 B 来表示，即矢量 C 可分解为两个分矢量 A 和 B（分量），也可说，一个矢量可以分解为几个分矢量。

如果 B 是一矢量，则 $-B$ 也是一个矢量，它是与矢量 B 大小相等、方向相反的一个矢量。因此，我们可以定义两矢量 A 和 B 的减法 $A - B$ 为

$$D = A + (-B) \tag{2-5}$$

D 也是一个矢量，如图 2-4 所示。

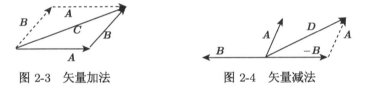

图 2-3 矢量加法　　　　　图 2-4 矢量减法

2. 矢量与标量乘

标量 k 乘以矢量 A，得到另一矢量 B：

$$B = kA \tag{2-6}$$

矢量 B 的大小是矢量 A 的 $|k|$ 倍。如果 $k > 0$，矢量 B 的方向与矢量 A 的方向一样；如果 $k < 0$，矢量 B 的方向与矢量 A 的方向相反。

3. 标量积

两矢量的标量积也称为两矢量的点积或内积。两矢量 A 和 B 的标量积写为 $A \cdot B$，它定义为两矢量的大小及两矢量夹角的余弦之积，即

$$A \cdot B = AB \cos\theta \tag{2-7}$$

显然，标量积满足交换律：

$$A \cdot B = BA \cos\theta = B \cdot A \tag{2-8}$$

式 (2-7) 是两矢量标量积的代数表达式。它的几何意义是：两矢量 A 和 B 的标量积是 A 矢量大小乘以 B 矢量在 A 矢量上的投影，如图 2-5 所示。或者也可说 B 矢量大小乘以 A 矢量在 B 矢量上的投影。

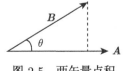

图 2-5 两矢量点积

由此，矢量 A 的大小可由下式得到：

$$A = \sqrt{A \cdot A} \tag{2-9}$$

标量积服从分配律：

$$A \cdot (B + C) = A \cdot B + A \cdot C \tag{2-10}$$

4. 矢量积

两矢量的矢量积也称为两矢量的叉积或外积。两矢量 A 和 B 的矢量积写为 $A \times B$。矢量积是一个矢量，它垂直于包含 A、B 两矢量的平面，方向由右手螺旋规则确定，如图 2-6 所示。e_n 是 $A \times B$ 方向上的单位矢量，θ 是 A、B 两矢量间的夹角。矢量积的大小定义为两矢量的大小及两矢量夹角的正弦之积，即

$$A \times B = e_n AB \sin \theta \tag{2-11}$$

由图 2-6，可以得到

$$A \times B = -B \times A \tag{2-12}$$

同样可以得到

$$A \times (B + C) = A \times B + A \times C \tag{2-13}$$

两矢量 A、B 的叉积的几何意义：它是由 A 和 B 构成的平行四边形的面积矢量，如图 2-7 所示。

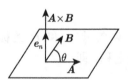
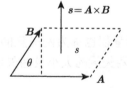

图 2-6　两矢量叉积插图　　图 2-7　由矢量 A 和 B 构成的面积矢量 s

平行四边形的面积矢量由下式给出：

$$s = A \times B \tag{2-14}$$

其大小为由 A 和 B 构成的平行四边形面积。

2.1.2　坐标系

为了考察物理量在空间的分布和变化规律，必须引入坐标系。在电磁场理论中，最常用的坐标系为直角坐标系、柱坐标系和球坐标系。

1. 直角坐标系

直角坐标系是由三条相互正交的直线构成的，这三条直线称为 x、y、z 轴，这些轴的交点是原点，三个坐标变量的范围是从 $-\infty$ 到 ∞。相应的单位方向矢量是 e_x、e_y 和 e_z，它们分别是在 x、y、z 轴的方向。三个单位矢量的关系为

$$
\begin{aligned}
e_x \times e_y &= e_z \\
e_y \times e_z &= e_x \\
e_z \times e_x &= e_y
\end{aligned}
\tag{2-15}
$$

空间中一给定点 $M(x_0, y_0, z_0)$ 是三个平面 $x = x_0$，$y = y_0$ 和 $z = z_0$ 的交点，如图 2-8 所示。

M 点的位置矢量 r 是由坐标原点 O 指向 M 点的矢量，如图 2-9 所示。利用其坐标分量可以表达为

$$
r = xe_x + ye_y + ze_z
\tag{2-16}
$$

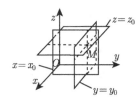

图 2-8　直角坐标系

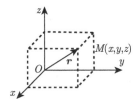

图 2-9　位置矢量 r 的投影

矢量 A 可表达为

$$
A = A_x e_x + A_y e_y + A_z e_z
\tag{2-17}
$$

两矢量 A 和 B 的点积表示为

$$
A \cdot B = A_x B_x + A_y B_y + A_z B_z
\tag{2-18}
$$

两矢量 A 和 B 的叉积表示为

$$
A \times B = \begin{vmatrix}
e_x & e_y & e_z \\
A_x & A_y & A_z \\
B_x & B_y & B_z
\end{vmatrix}
\tag{2-19}
$$

在直角坐标系中，有向微线元 $\mathrm{d}l$ 可表达为

$$
\mathrm{d}l = \mathrm{d}x e_x + \mathrm{d}y e_y + \mathrm{d}z e_z
\tag{2-20}
$$

一有向微面元 $\mathrm{d}s$ 可表达为

$$
\mathrm{d}s = \mathrm{d}y\mathrm{d}z e_x + \mathrm{d}x\mathrm{d}z e_y + \mathrm{d}x\mathrm{d}y e_z
\tag{2-21}
$$

体积微元可表达为

$$dV = dxdydz \tag{2-22}$$

2. 柱坐标系

在柱坐标系中，三个坐标标量是半径 r、角度 φ 和高 z，如图 2-10 所示。其相应的取值范围分别为

$$0 \leqslant r < \infty, \quad 0 \leqslant \varphi \leqslant 2\pi, \quad -\infty < z < \infty$$

相应的坐标单位矢量为 e_r、e_φ 和 e_z，在空间各点，它们分别在 r、φ 和 z 增加的方向。在柱坐标中，e_z 是一个常矢量，e_r 和 e_φ 在空间各点方向不一定一样，因此 e_r 和 e_φ 是变矢量。给定空间中的某点 $M(r_0, \varphi_0, z_0)$ 是三个面 $r = r_0$、$\varphi = \varphi_0$ 和 $z = z_0$ 的交点，如图 2-11 所示。

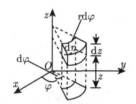

图 2-10　柱坐标中的微分体积元

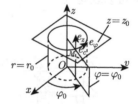

图 2-11　柱坐标系

在柱坐标系中，矢量 $\boldsymbol{A}$ 可表示为

$$\boldsymbol{A} = A_r \boldsymbol{e}_r + A_\varphi \boldsymbol{e}_\varphi + A_z \boldsymbol{e}_z \tag{2-23}$$

有向长度微元$d\boldsymbol{l}$、有向面积微元$d\boldsymbol{s}$ 和体积元dV 分别表示为

$$d\boldsymbol{l} = dr\boldsymbol{e}_r + rd\varphi\boldsymbol{e}_\varphi + dz\boldsymbol{e}_z \tag{2-24}$$

$$d\boldsymbol{s} = rd\varphi dz\boldsymbol{e}_r + drdz\boldsymbol{e}_\varphi + rdrd\varphi\boldsymbol{e}_z \tag{2-25}$$

$$dV = rdrd\varphi dz \tag{2-26}$$

3. 球坐标系

在球坐标系中，三个坐标标量是半径 r、角度 θ 和 φ，如图 2-12 所示。其域值范围：

$$0 \leqslant r < \infty, \quad 0 \leqslant \theta \leqslant \pi, \quad 0 \leqslant \varphi \leqslant 2\pi$$

在空间 M 点，单位矢量 e_r、e_θ，和 e_φ 的方向分别是 r、θ 和 φ 增加方向。显然，这三个单位矢量都是变矢量。对于空间中的给定点 $M(r_0, \theta_0, \varphi_0)$，它是三个面 $r = r_0$、$\theta = \theta_0$ 和 $\varphi = \varphi_0$ 的交点，如图 2-13 所示。

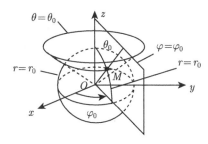

图 2-12　球坐标系

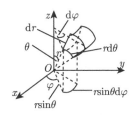

图 2-13　球坐标系中的微分体积元

在球坐标系中，矢量 $\boldsymbol{A}$ 表达为

$$\boldsymbol{A} = A_r\boldsymbol{e}_r + A_\theta\boldsymbol{e}_\theta + A_\varphi\boldsymbol{e}_\varphi \tag{2-27}$$

有向长度微元$\mathrm{d}\boldsymbol{l}$、有向面积微元$\mathrm{d}\boldsymbol{s}$ 和体积微元$\mathrm{d}V$ 分别表示为

$$\mathrm{d}\boldsymbol{l} = \mathrm{d}r\boldsymbol{e}_r + r\mathrm{d}\theta\boldsymbol{e}_\theta + r\sin\theta\mathrm{d}\varphi\boldsymbol{e}_\varphi \tag{2-28}$$

$$\mathrm{d}\boldsymbol{s} = r^2\sin\theta\mathrm{d}\theta\mathrm{d}\varphi\boldsymbol{e}_r + r\sin\theta\mathrm{d}r\mathrm{d}\varphi\boldsymbol{e}_\theta + r\mathrm{d}r\mathrm{d}\theta\boldsymbol{e}_\varphi \tag{2-29}$$

$$\mathrm{d}V = r^2\sin\theta\mathrm{d}r\mathrm{d}\theta\mathrm{d}\varphi \tag{2-30}$$

2.2　天线测量的基本参数

描述天线工作特性的参数称为天线电参数，又称电指标，它们是定性衡量天线性能的尺度。因此，有必要了解天线电参数，以便正确设计或选择天线。

大多数天线的电参数是针对发射状态规定的，用以衡量天线把高频电流能量转变成空间定向电磁波辐射的能力。下面介绍发射天线的主要参数，以下内容主要从文献 [1] 和 [2] 中总结而来。而详细的天线理论请查阅文献 [1] 和 [2] 中的相关部分。

2.2.1　辐射功率和辐射电阻

以天线为中心，作一球面（球面半径 $r \gg$ 波长 λ）包围它，则从天线辐射出来的能量将全部通过该球面。在远区，单位时间内通过该球面的电磁能量的平均值称为天线的辐射功率。如图 2-14 所示，在球表面上，单位面积内所通过的功率密度为坡印亭矢量，它在电磁场变化的一个周期内的平均值即为 $\frac{1}{2}E_\theta H_\varphi$（$E_\theta$ 和 H_φ 分别为电场和磁场的振幅值）。经过球面上的一个微小面积 $\mathrm{d}s$ 的功率等于

$$\mathrm{d}P_\Sigma = \frac{1}{2}E_\theta H_\varphi\mathrm{d}s \tag{2-31}$$

其中，$ds = r^2 \sin\theta \mathrm{d}\theta \mathrm{d}\varphi$。所以，通过微小面积的天线辐射功率为

$$\mathrm{d}P_\Sigma = \frac{1}{2} E_\theta H_\varphi r^2 \sin\theta \mathrm{d}\theta \mathrm{d}\varphi \tag{2-32}$$

由电磁场理论可得

$$H_\varphi = E_\theta \sqrt{\frac{\varepsilon}{\mu}} \tag{2-33}$$

代入 $\mathrm{d}P_\Sigma$ 式，得

$$\mathrm{d}P_\Sigma = \frac{H_\varphi^2}{2} \sqrt{\frac{\mu}{\varepsilon}} r^2 \sin\theta \mathrm{d}\theta \mathrm{d}\varphi \tag{2-34}$$

将 $\mathrm{d}P_\Sigma$ 在球面上积分就得到天线的辐射功率为

$$P_\Sigma = \int_s P_\Sigma = \frac{r^2}{2} \sqrt{\frac{\mu}{\varepsilon}} \int_0^{2\pi} d\varphi \int_0^\pi H_\varphi^2 \sin\theta \mathrm{d}\theta \tag{2-35}$$

式 (2-35) 可用来求任意天线的辐射功率，下面简称为辐射功率。

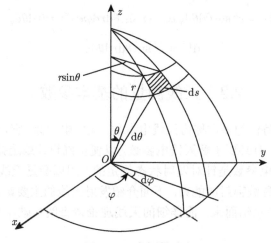

图 2-14　求辐射功率

假设一个天线，如最基本的辐射单元——电偶极子，已经得到其辐射电场强度和辐射磁场强度的大小分别为

$$E_\theta = \mathrm{j}\frac{Ilk^2}{4\pi\omega\varepsilon r} \sin\theta \mathrm{e}^{-\mathrm{j}kr} \tag{2-36}$$

$$H_\varphi = \mathrm{j}\frac{Ilk}{4\pi r} \sin\theta \mathrm{e}^{-\mathrm{j}kr} \tag{2-37}$$

$$E_r = E_\varphi = H_r = H_\theta = 0 \tag{2-38}$$

将其中的 H_φ 代入式 (2-35)，得

$$P_\Sigma = \frac{I^2}{2} \frac{2\pi}{3} \sqrt{\frac{\mu}{\varepsilon}} \left(\frac{l}{\lambda}\right)^2 \tag{2-39}$$

式中，I 是电偶极子中的电流；l 是电偶极子长度。该功率即为电偶极子的辐射功率。

如将辐射功率视为一个电阻所吸收的功率，并使流过电阻的电流等于天线上的电流振幅值，则该电阻称为天线的辐射电阻，即

$$P_\Sigma = \frac{1}{2} I_m^2 R_\Sigma \tag{2-40}$$

式中，R_Σ 是辐射电阻；I_m 是电流振幅。

再以电偶极子为例，根据辐射电阻的定义，其辐射电阻为

$$R_\Sigma = \frac{2\pi}{3} \sqrt{\frac{\mu}{\varepsilon}} \left(\frac{l}{\lambda}\right)^2 \tag{2-41}$$

在自由空间中

$$R_\Sigma = 80\pi^2 \left(\frac{l}{\lambda}\right)^2 \tag{2-42}$$

2.2.2 天线的效率

如前所述，天线辐射能量的过程是能量转换的过程。希望在这个转化过程中，绝大部分高频电流的能量转变成辐射的电磁波能量，但同时也有部分的能量损耗。这就有天线效率的问题。

输入到天线上的功率 P_A，其中一部分变成辐射的功率；另一部分损耗在天线导体和周围的物质中（如天线拉线、绝缘子和地面等）。因此，输入到天线上的功率应该是以上两功率之和，即

$$P_A = P_\Sigma + P_n \tag{2-43}$$

式中，P_A 是输入的有功功率；P_Σ 是天线的辐射功率；P_n 是损耗功率。

天线的效率 η 定义为辐射功率与输入有功功率之比，即

$$\eta = P_\Sigma/P_A = P_\Sigma/(P_\Sigma + P_n) \tag{2-44}$$

仍将损耗功率 P_n 等效到以电流振幅值为参考的损耗电阻 R_n 上，即

$$P_n = \frac{1}{2} I_m^2 R_n \tag{2-45}$$

式中，R_n 是天线的损耗电阻。

同样，将辐射功率等效到以电流振幅值为参考的辐射电阻 R_Σ 上，得

$$P_\Sigma = \frac{1}{2}I_m^2 R_\Sigma \tag{2-46}$$

将 P_Σ 和 P_n 代入式 (2-44)，得

$$\eta = R_\Sigma/(R_\Sigma + R_n) \tag{2-47}$$

式 (2-47) 表明天线效率恒小于 1。通常用百分数来表示效率，它表示有百分之几的高频电流的输入有功功率转变成辐射的电磁波能量。由式 (2-47) 可以看出，天线的辐射电阻 R_Σ 比损耗电阻 R_n 越大，它的效率也越高。设计天线时往往有一固定的 R_Σ，因此，为了提高效率，必须降低损耗电阻。

有时用辐射电导 G_Σ 和损耗电导 G_n 来描述天线的辐射功率和损耗功率，即

$$P_\Sigma = \frac{1}{2}u_m^2 G_\Sigma \tag{2-48}$$

$$P_n = \frac{1}{2}u_m^2 G_n \tag{2-49}$$

将式 (2-49) 代入式 (2-44)，得

$$\eta = G_\Sigma/(G_\Sigma + G_n) \tag{2-50}$$

2.2.3   方向函数

天线辐射出去的电磁波虽然是一球面波，但却不是均匀球面波，因此，任何一个天线的辐射场都具有方向性，所谓方向性，就是在相同距离的条件下天线辐射场的相对值与角 θ 和角 φ 的关系，如图 2-15 所示。

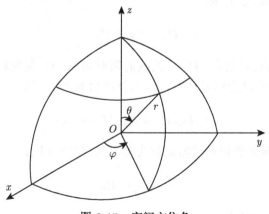

图 2-15   空间方位角

对于任何天线，在空间的电场公式均可以写成

$$E = A \cdot f(\theta, \varphi) \cdot \mathrm{e}^{\mathrm{j}\phi(\theta, \varphi)} \cdot \mathrm{e}^{-\mathrm{j}kr} \tag{2-51}$$

式中，A 是天线到观察点之间的与方向无关的因子，取决于天线的类型；$f(\theta, \varphi)$ 是天线方向性的振幅特性，在本式中，省略了绝对值符号，即 $f(\theta, \varphi)$ 就是 $|f(\theta, \varphi)|$；$\phi(\theta, \varphi)$ 是天线方向性的相位特性。

通常，$f(\theta, \varphi)$ 就称为天线的方向性函数，表达天线的方向性特性。它不仅决定了场的大小，而且决定了场的相位。因为 $f(\theta, \varphi)$ 的值经过零值时改变自己的符号，即场的相位突变 $180°$，所以方向性振幅特性是 $f(\theta, \varphi)$ 的模 $|f(\theta, \varphi)|$。

对于大多数天线，在观察点场的相位与方向无关。例如，偶极子天线辐射场的表达式

$$E_\theta = \mathrm{j}\frac{60I_m}{r}\left[\frac{\cos\left(kl\cos\theta\right) - \cos kl}{\sin\theta}\right]\mathrm{e}^{-\mathrm{j}kr} \tag{2-52}$$

中只有因子 $\mathrm{e}^{-\mathrm{j}kr}/r$，即在同一球面（$r$ 为常数）上各点场的相位相同。可认为这种天线辐射的球面波是从 r 的坐标原点向外辐射的，称这一点为相位中心。但是，不是所有的天线都辐射球面波，它的等相位面不是球面，因此，也不存在相位中心。用一等效球面，使它接近波前（通常只在主瓣范围内等效），称等效球面的中心为天线辐射中心。

在天线技术中，如果不是比较不同天线的场在各方向的大小，而仅研究天线在不同方向的场的分布时，则使用归一化方向性函数 $f(\theta, \varphi)$ 较为方便。天线辐射场强与最大方向场强之比，称为归一化方向性函数，即

$$F(\theta, \varphi) = |E(\theta, \varphi)/E_{\max}(\theta, \varphi)| = |f(\theta, \varphi)/f_{\max}(\theta, \varphi)| \tag{2-53}$$

可见，$F(\theta, \varphi)$ 的最大值等于 1。用归一化方向性函数可以更直观地比较不同天线的方向性特性。

2.2.4 方向图

将方向函数用曲线描绘出来，称为方向图。方向图就是与天线等距离处，天线辐射场大小在空间中随方向变化的分布图形。立体方向图上各点（坐标为 θ，φ）到坐标原点的距离等于 $F(\theta, \varphi)$ 的值。依据归一化方向函数而绘出的为归一化方向图。归一化方向图上离坐标原点最大的距离等于 1，相对应的方向为天线的最大辐射方向。

变化 θ 及 φ 得出的方向图是立体方向图。对于电基本振子，由于归一化方向函数 $F(\theta, \varphi) = |\sin\theta|$，所以其立体方向图如图 2-16 所示。

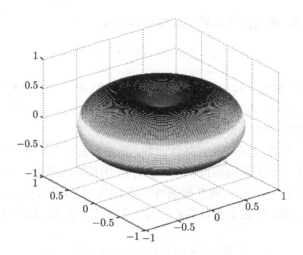

图 2-16　基本振子立体方向图

　　在实际中，工程上常采用两个特定正交平面方向图。在自由空间中，两个最重要的平面方向图是 E 面和 H 面方向图。E 面即电场强度矢量所在并包含最大辐射方向的平面；H 面即磁场强度矢量所在并包含最大辐射方向的平面。

　　方向图可用极坐标绘制，角度表示方向，矢径表示场强大小。这种图形直观性强，但零点或最小值不易分清。方向图也可用直角坐标绘制，横坐标表示方向角，纵坐标表示辐射幅值。如图 2-17 所示，对于球坐标系中的沿 z 轴放置的电基本振子，E 面即为包含 z 轴的任一平面，如 yOz 面，此面的方向函数 $F_E(\theta) = |\sin\theta|$。而 H 面即 xOy 面，此面的方向函数 $F_H(\varphi) = 1$，如图 2-18 所示，H 面的归一化方向图为一单位圆。E 面和 H 面方向图就是立体方向图沿 E 面和 H 面两个主平面的剖面图。

　　注意，尽管球坐标系中的磁基本振子方向性和电基本振子一样，但 E 面和 H 面的位置恰好互换。

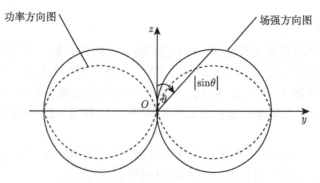

图 2-17　电基本振子 E 平面方向图

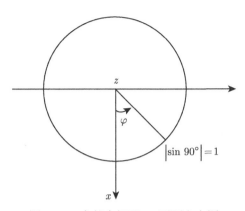

图 2-18 电基本振子 H 平面方向图

有时还需要讨论辐射的功率密度（坡印亭矢量模值）与方向之间的关系，因此引进功率方向图 $\Phi(\theta,\varphi)$。容易得出，它与场强方向图之间的关系为

$$\Phi(\theta,\varphi) = F^2(\theta,\varphi) \tag{2-54}$$

电基本振子 E 平面功率方向图也如图 2-17 所示。

2.2.5 方向图参数

实际天线的方向图通常有多个波瓣，分为主瓣、副瓣和后瓣，如图 2-19 所示。描述方向图的参数通常有：

(1) 零功率点波瓣宽度 $2\theta_{0E}$ 或 $2\theta_{0H}$(下标 E、H 表示 E、H 面，下同)：指主瓣最大值两边两个零辐射方向之间的夹角。

(2) 半功率点波瓣宽度 $2\theta_{0.5E}$ 或 $2\theta_{0.5H}$：指主瓣最大值两边场强等于最大值的 0.707 倍（或等于最大功率密度的一半）的两辐射方向之间的夹角，又叫 3dB 波束宽度。如果天线的方向图只有一个强的主瓣，其他副瓣均较弱，则它的定向辐射性能的强弱就可以从两个主平面内的半功率点波瓣宽度来判断。

(3) 副瓣电平：指副瓣最大值与主瓣最大值之比，一般以分贝表示，即

$$\text{SLL} = 10\lg\frac{S_{\text{av,max}2}}{S_{\text{av,max}}} = 20\lg\frac{E_{\text{max}2}}{E_{\text{max}}} \ (\text{dB}) \tag{2-55}$$

式中，$S_{\text{av,max}2}$ 和 $S_{\text{av,max}}$ 分别为最大副瓣和主瓣的功率密度最大值；$E_{\text{max}2}$ 和 E_{max} 分别为最大副瓣和主瓣的场强最大值。副瓣一般指向不需要辐射的区域，因此要求天线的副瓣电平应尽可能地低。

(4) 前后比：指主瓣最大值与后瓣最大值之比，通常也用分贝表示。

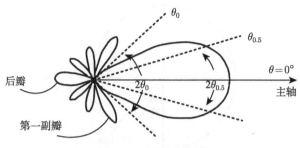

图 2-19   天线方向图

2.2.6   方向系数

上述方向图虽然从一定程度上描述方向图的状态，但它们一般仅能反映方向图中特定方向的辐射强弱程度，未能反映辐射在全空间的分布状态，因而不能单独体现天线的定向辐射能力。为了更精确地比较不同天线之间的方向性，需要引入一个能定量表示天线定向辐射能力的电参数，这就是方向系数。

方向系数的定义是：在同一距离及相同辐射功率的条件下，某天线在最大辐射方向上的辐射功率密度 $S_{\max}$（或场强 $|E_{\max}|$ 的平方）和无方向性天线（电源）的辐射功率密度 S_0（或场强 $|E_0|$ 的平方）之比，记为 D_0，用公式表示如下：

$$D = \frac{S_{\max}}{S_0}\bigg|_{P_r=P_{r0}} = \frac{|E_{\max}|^2}{|E_0|^2}\bigg|_{P_r=P_{r0}} \tag{2-56}$$

式中，P_r、P_{r0} 分别为实际天线和无方向性天线的辐射功率（无方向性天线本身的方向系数为 1）。

因为无方向性天线在 r 处产生的辐射功率密度为

$$S_0 = \frac{P_{r0}}{4\pi r^2} = \frac{|E_0|^2}{240\pi} \tag{2-57}$$

所以由方向系数的定义得

$$D = \frac{r^2 |E_{\max}|^2}{60 P_r} \tag{2-58}$$

因此，在最大辐射方向上

$$E_{\max} = \sqrt{\frac{60 P_r D}{r}} \tag{2-59}$$

式 (2-59) 表明，天线的辐射场与 $P_r D$ 的平方根成正比，所以对于不同的天线，若它们的辐射功率相等，则在同是最大辐射方向且同一 r 处的观察点，辐射场之比为

$$\frac{E_{\max 1}}{E_{\max 2}} = \frac{\sqrt{D_1}}{\sqrt{D_2}} \tag{2-60}$$

若要求它们在同一 r 处观察点辐射场相等, 则要求

$$\frac{P_{r1}}{P_{r2}} = \frac{D_2}{D_1} \tag{2-61}$$

即所需要的辐射功率与方向系数成反比。

天线的辐射功率可由坡印亭矢量积分法来计算, 此时可在天线的远区以 r 为半径作出包围天线的积分球面:

$$P_r = \iint_s S_{av}(\theta, \varphi) \cdot ds = \int_0^{2\pi} \int_0^{\pi} S_{av}(\theta, \varphi) r^2 \sin\theta d\theta d\varphi \tag{2-62}$$

由于

$$S_0 = \left.\frac{P_{r0}}{4\pi r^2}\right|_{P_{r0}=P_r} = \frac{P_r}{4\pi r^2} = \frac{1}{4\pi} \int_0^{2\pi} \int_0^{\pi} S_{av}(\theta, \varphi) \sin\theta d\theta d\varphi \tag{2-63}$$

所以, 由式 (2-56) 可得

$$\begin{aligned}
D &= \frac{S_{av,max}}{\dfrac{1}{4\pi} \displaystyle\int_0^{2\pi} \int_0^{\pi} S_{av}(\theta, \varphi) \sin\theta d\theta d\varphi} \\
&= \frac{4\pi}{\displaystyle\int_0^{2\pi} \int_0^{\pi} \dfrac{S_{av}(\theta, \varphi)}{S_{av,max}} \sin\theta d\theta d\varphi}
\end{aligned} \tag{2-64}$$

由天线的归一化方向函数 (2-53) 可知

$$\frac{S_{av}(\theta, \varphi)}{S_{av,max}} = \frac{E^2(\theta, \varphi)}{E_{max}^2} = F^2(\theta, \varphi) \tag{2-65}$$

方向系数最终计算公式为

$$D = \frac{4\pi}{\displaystyle\int_0^{2\pi} \int_0^{\pi} F^2(\theta, \varphi) \sin\theta d\theta d\varphi} \tag{2-66}$$

显然, 方向系数与辐射功率在全空间的分布状态有关。要使天线的方向系数大, 不仅要求主瓣窄, 而且要求全空间的副瓣电平小。

2.2.7 增益系数

方向系数只是衡量天线定向辐射特性的参数, 它只决定于方向图; 天线效率则表示了天线在能量上的转换效能; 而增益系数则表示了天线的定向增益程度。

增益系数的定义是: 在同一距离及相同输入功率的条件下, 某天线在最大辐射方向上的辐射功率密度 S_{max}(或场强 $|E_{max}|$ 的平方) 和理想无方向天线 (理想电

源) 的辐射功率密度 S_0(或场强 $|E_0|$ 的平方) 之比, 记为 G。

$$G = \frac{S_{\max}}{S_0} \Big|_{P_{\text{in}}=P_{\text{in0}}} = \frac{|E_{\max}|^2}{|E_0|^2} \Big|_{P_{\text{in}}=P_{\text{in0}}} \tag{2-67}$$

式中, P_{in}、P_{in0} 分别为实际天线和理想无方向性天线的输入功率。理想无方向性天线本身的增益系数为 1。

考虑到效率的定义, 在有耗情况下, 功率密度为无耗时的 η_A 倍, 式 (2-67) 可改为

$$G = \frac{S_{\max}}{S_0} \Big|_{P_{\text{in}}=P_{\text{in0}}} = \frac{\eta_A S_{\max}}{S_0} \Big|_{P_{\text{r}}=P_{\text{r0}}} \tag{2-68}$$

即

$$G = \eta_A D \tag{2-69}$$

由此可见, 增益系数是综合衡量天线能量转换效率和方向特性的参数, 它是方向系数与天线效率的乘积。在实际中, 天线的最大增益系数是比方向系数更为重要的电参量, 即使它们密切相关。

根据式 (2-69), 可将式 (2-59) 改写为

$$E_{\max} = \frac{\sqrt{60 P_{\text{r}} D}}{r} = \frac{\sqrt{60 P_{\text{in}} G}}{r} \tag{2-70}$$

增益系数也可以用分贝表示为 $10 \lg G$。因为一个增益系数为 10、输入功率为 1W 的天线和一个增益系数为 2、输入功率为 5W 的天线在最大辐射方向上具有同样的效果, 所以又将 $P_{\text{r}} D$ 或 $P_{\text{in}} D$ 定义为天线的有效辐射功率。使用高增益天线可以在维持输入功率不变的条件下, 增大有效辐射功率。由于发射机的输出功率是有限的, 所以在通信系统的设计中, 对提高天线的增益常抱有很大的期望。频率越高的天线越容易得到很高的增益。

2.2.8 天线极化

1. 极化的基本概念

无线电波在空间传播时, 其场强方向是按一定的规律而变化的, 这种现象称为无线电波的极化。天线极化是描述天线辐射电磁波场矢量空间指向的参数, 是指在与传播方向垂直的平面内, 场矢量变化一周期矢端描出的轨线。由于电场与磁场有恒定的关系, 一般都以电场矢量的空间指向作为天线辐射电磁波的极化方向, 如图 2-20 所示。电场矢量在空间的取向固定不变的电磁波叫线极化。有时以地面为参数, 电场矢量方向与地面平行的叫水平极化, 与地面垂直的叫垂直极化。电场矢量与传播方向构成的平面叫极化平面。垂直极化波的极化平面与地面垂直; 水平极化波的极化平面则垂直于入射线、反射线和入射点地面的法线构成的入射平面。

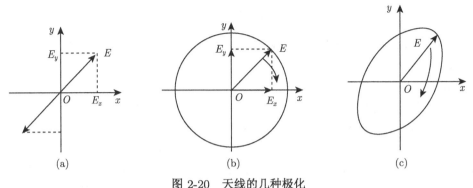

图 2-20 天线的几种极化

(a) 线极化; (b) 圆极化; (c) 椭圆极化

如果电磁波在传播过程中电场的方向是旋转的, 即场矢量的矢端轨线是圆, 并在旋转过程中, 电场的幅度即大小保持不变, 我们就称之为圆极化波。圆极化可分为右旋圆极化和左旋圆极化。向传播方向看去顺时针方向旋转的叫右旋圆极化波, 逆时针方向旋转的叫左旋圆极化波。如果场矢量的矢端轨线是椭圆就称为椭圆极化波。

不论圆极化波或椭圆极化波都可由两个相互正交的线极化波合成。当两正交线极化波振幅相等, 相位差 90° 时, 则合成圆极化波; 当振幅不等或者相位差不是 90° 时, 则合成椭圆极化波。

圆极化和线极化都是椭圆极化的特例, 描述椭圆极化波的参数有三个:

(1) 轴比指极化椭圆长轴与短轴的比;

(2) 倾角指极化椭圆长轴与水平坐标之间的夹角;

(3) 旋向指左旋或者右旋。

2. 极化参数

1) 极化效率

当接收天线的极化方向与入射波的极化方向不一致时, 由于极化失配, 从而引起极化损失。极化效率的定义: 天线实际接收的功率与在同方向、同强度且极化匹配条件下的接收功率之比。

例如, 当用圆极化天线接收任一极化波, 或用线极化天线接收任一圆极化波时, 都要产生 3dB 的极化损失, 即只能接收到来波的一半能量。

2) 轴比

定义: 椭圆比, 极化平面波的长轴和短轴之比。天线的电压轴比用公式表示为

$$r = \frac{E_{\max}}{E_{\min}} \tag{2-71}$$

用分贝表示的轴比为

$$AR = 20\lg|r| \tag{2-72}$$

圆极化和线极化是椭圆极化的两种特殊情况，即当 $r = \pm 1$ 时，为圆极化；当 $r = \infty$ 时，为线极化；当 $1 < |r| < \infty$ 时，为椭圆极化。

3) 交叉极化隔离度

天线可能会在非预定的极化上辐射（或接收）不需要的极化分量能量，如辐射（或接收）水平极化波的天线，也可能辐射（或接收）不需要的垂直极化波，这种不需要的辐射极化波为交叉极化。对于线极化天线，交叉极化与预定的极化方向垂直，对于圆极化波，交叉极化与预定极化的旋向相反；对于椭圆极化波，交叉极化与预定极化的轴比相同、长轴正旋向相反。所以，交叉极化又称为正交极化。

交叉极化隔离度 (XPD) 的定义：天线反极化时的接收功率与同极化接收功率之比。

对于椭圆极化天线，XPD 与 r 有如下关系：

$$\mathrm{XPD(dB)} = 20\lg(r+1)/(r-1)(\mathrm{dB}) \tag{2-73}$$

2.3   天线测量方式

近些年来，天线技术的发展随着航空航天、无线移动通信、卫星遥感通信等领域的快速发展而突飞猛进，日常的各种应用对天线的各种性能的要求也越来越高。一般来说，天线的设计都是从理论开始，也就是说在理想条件下来作相应的数学分析，虽说现在天线部分的理论计算分析已经越来越成熟，大部分可以用来作为直接设计天线的指导理论，但是理论计算分析方法或多或少存在一定的局限性，因为在分析一些复杂的天线系统或者模型时，为了使计算简化，往往会作出一些近似和假设，其结果便是在这样一个假设或者近似的条件下所求得的，所以在实际生产设计过程中需要通过实验测量来验证其正确与否。

不难看出，天线测量技术和手段是生产和设计天线过程中必不可少的，同时也是十分重要的部分，它的重要性显现在作为一门独立的学科，它是与微波技术、天线与电磁波技术、机械制造等技术相交叉的一门学科。

天线系统的特性分为两个部分：电路特性（输入阻抗、辐射电阻、噪声温度、频带带宽等）和辐射特性（方向图、增益、极化、相位等）。天线测量的目的就是用实验的方法测量和检验天线的电路与辐射特性。

2.3.1   天线场区

天线测量的方式是按天线的场区分布而分类的，所以在介绍天线的测量方式之前，先对天线场区的划分作简单的介绍。

　　天线测量的测量对象是天线,但是天线周围分布的电磁场随着距离天线的远近不同而呈现出不同的特征,所以必须要掌握这些区域的电特性,从而获得有效的测量天线的方法。天线场区可以分为开放区和封闭区,如图 2-21 所示,在封闭区天线所呈现的是其电路特性,在开放区呈现的是天线的空间场特性。

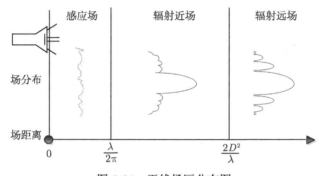

图 2-21　天线场区分布图

　　一个发射天线的辐射场由复数形式的坡印亭矢量 $E \times H^*$ 表示,此式中 E 表示电场强度,H 表示磁场强度。天线附近的坡印亭矢量是感应的,且 (E, H) 随着 $1/r$ 而快速变小;更远辐射区域的 (E, H) 随着 $1/r$ 成比例变小。这两种场区主要存在于天线附近的不同区域,基于坡印亭矢量这种性质,可以区分三种主要的场区,如图 2-21 所示。

1. 感应场

　　这个区域仅为天线处于 $0 < r < \lambda/(2\pi)$,λ 为波长,在此区域内坡印亭矢量主要为电磁感应,电场能量和磁场能量交替储存在天线周围,没有辐射电磁波,三个参数球面坐标 (r, θ, φ) 的场随 $1/r$ 快速变小。

2. 辐射近场

　　超出感应场即为辐射近场,辐射近场区又称为菲涅耳区,此区域范围为 $\lambda/(2\pi) < r < 2D^2/\lambda$,式中 D 是天线的最大口径。场的相对角分布和场的振幅都随距离而改变。在靠近天线远场辐射区时,天线方向图的主瓣和副瓣才明显形成,但零点电平和副瓣电平均较高。

3. 辐射远场

　　在距天线距离 $r > 2D^2/\lambda$,或者 $r > 10\lambda$,坡印亭矢量为实数,即只有辐射场,且在球面只有两个分量 (θ, φ) 场强随 $1/r$ 变化,同时方向图与 r 无关。在这个区域,场的相对角分布与距离无关,场的大小与距离成反比,方向图中的主瓣、副瓣和零值点已经全部形成。

天线测量有远场测量和近场测量两种测量方式。远场测量方式包括室外远场测量方式、室内远场测量以及在暗室中进行的紧缩场测量；近场测量根据扫描平面选取的不同分为平面近场测量、柱面近场测量 (即球面近场测量)。

在接下来的章节中，会对以上提出的各种近、远场测量方式作进一步的介绍。

2.3.2　天线远场测量方式

如 2.3.1 节中提到，远场测量方式包括室外远场测量方式、室内远场测量以及在暗室中进行的紧缩场测量。前两种方法属于比较传统的天线测量方式，测量原理也比较相近，所以将这两种方法方法放在一起作扼要介绍，最后再单独介绍暗室里的紧缩场测量方式。

1. 室外、室内远场测量

室外远场测量需要测量距离位于远场区域，通常用天线高架法来尽量减小地面反射，其他架设方法还有地面反射法和斜距法。室外远场测量需要在合适的外部环境和天气下进行，同时，室外远场对安全和电磁环境有较高要求。

高架场法：一般要求建在光滑的表面，而源天线需要放置在较高的建筑物上。场的间距根据上面的介绍很容易得出满足条件，即 $r > 2D^2/\lambda$。同时为了最小化场的反射，第一零点方向应对准测试塔基，这样做的目的是保证表面只会影响到旁瓣功率。在高架场中有时会使用隔离栅以更进一步减小地面反射。有两点需要注意：

(1) 隔离栅不能影响源天线的主波束；

(2) 隔离栅的边缘不宜是直刀边，而应做成锯齿形以减少边缘辐射，如图 2-22 所示。

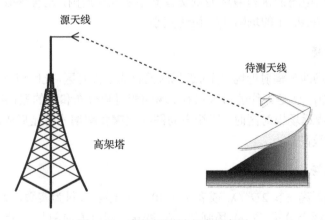

图 2-22　高架场测量方式示意图

斜天线测试场：斜天线测试场中源天线固定在靠近地面而待测天线置于一个

高塔上。源天线指向待测天线中心并且它的第一零瓣指向塔基。总的来说，斜天线测试场比高架场的场地尺寸要小。

地面反射场：地面反射场中，利用地面的特殊反射来得到的待测天线的一个均匀相角和幅度分布，因此要求场区表面光滑。

室内远场测量方式，这种方法是当室内的测试距离满足 $r > 2D^2/\lambda$ 这一条件时，可以将测试地点从室外挪到室内，由于室内的环境相对来说比较容易控制，如在室内的上下壁以及四周加上吸波材料，防止电磁波反射，而且室内测量可以极大减少外部环境对于测试的干扰，因此是一种不错的测量方法。但是由于室内的空间限制，所以室内远场测量只能适用于极少频段的天线，对于大多数天线，尤其是高频段的天线并不适用。

2. 紧缩场测量

室内远场测量是一种很好的测量方式，但是这种方法受到空间限制，针对这种情况，提出了一种新的远场测量方法 —— 紧缩场测量方式，紧缩场的英文名称为 CATR，它是借助反射镜、透射镜、全息技术等，产生一个均匀照射在待测天线上的平面波，这样就在有限的空间中获得了天线远场的测量手段。换句话说，紧缩场天线测量系统就是能在较小的微波暗室里模拟远场的平面波电磁环境，利用常规的远场测试设备和方法，进行多项测量和研究，如天线方向图测量、增益比较、散射截面测量、微波成像等，同时可以进行微波电路、元器件的网络参数测量和高频场仿真。目前毫米波亚毫米波紧缩场技术是一个研究热点。图 2-23 是一个利用两个反射面搭建的紧缩场。

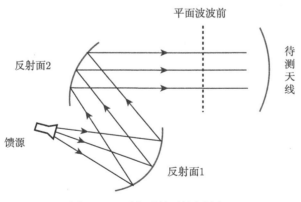

图 2-23　两个反射面的紧缩场

2.3.3　天线近场测量方式

天线近场测量，就是用电特性已知的探头，按照奈奎斯特取样定理进行抽样扫描天线近区的某一平面上幅度和相位分布,然后经过快速傅里叶变换 (fast Fourier transform,FFT) 来确定天线的远场特性。近场测量的基本思想就是把待测天线在空间建立的场展开成平面波函数或者柱面波函数、球面波函数,展开式中的加权函数包含着远场的完整信息,根据近场测量数据算出加权函数,进而确定天线的方向图。

近场测量根据探针扫描的给定场的几何表面分为平面扫描、柱面扫描和球面扫描,其中柱面比平面复杂,球面是最复杂的扫描计算方式。

1. 平面扫描

平面采样如图 2-24(a) 所示,它将待测天线固定,然后将探头在离天线较近的距离下的一个平面内进行移动。测得的近场电场数据 $E(x,y,z_0)$ 通过二维的傅里叶变换成为波数空间的平面波 $E(k_x,k_y)$。最终还要经过探头修正,平面近场扫描方式分为平面矩形、平面波极化和双极化,测量数据经过 FFT 算法处理。平面采样主要适用于高增益、笔形波束的天线测量。

2. 柱面扫描

如图 2-24(b) 所示,柱面采样时,待测天线绕着 z 轴旋转,辐射近场的范围之内作垂直的上下扫描,期间保证探头正对被测天线方位面旋转。柱面扫描适用于中等增益、扇形波束天线测量。

3. 球面扫描

球面采样一共可分为两种方式:一种是固定探头位置不动,被测天线在转台的带动下做方位和俯仰的运动,该方式如图 2-24(c) 所示;另一种方式是探头沿半圆形导轨做俯仰运动,被测天线在转台的带动下做方位运动。无论上述哪种方式,在扫描过程中都应该保证探头正对采样面的球心。球面采样方式主要适用于低增益、宽波束天线的测量。

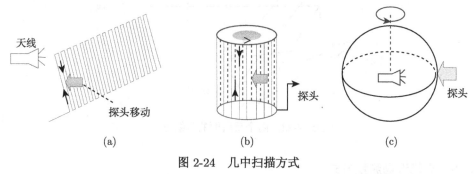

(a)   (b)   (c)

图 2-24   几中扫描方式

(a) 平面扫描; (b) 柱面扫描; (c) 球面扫描

2.4 平面扫描近场测量基本理论

2.4.1 近场测量

对于大口径天线，由于测试条件的要求，往往会给远场区的测量带来困难，因而试图通过口径场的测试用傅里叶变换的方法求得远区场。由于在口径场的测试中，测试探头会严重影响测量精度，因而可以把测试口面移远一些，但仍在近区内，这样就可以在相当程度上克服这一困难，用平面波的方法导出口径绕射场的一般表达式，可以证明口径场与辐射方向图之间是傅里叶变换和反变换的关系，通过平面波展开这一桥梁解决大口径天线远区测量的困难。

这种方法的基本思想是把待测天线在空间建立的场展开成平面波函数之和，展开式中的加权函数包含着远场图的完整信息，根据近场测量数据算出加权函数，进而确定天线的远场方向图。

这种近场测量的主要特点是：在待测天线近区进行测量；待测天线的辐射场被探头的影响可控；天线完整的空间方向图（相位方向图和极化方向图）可由测量结果通过计算得到。

2.4.2 平面波的展开

无源区任何单频电磁波都可以表示为沿不同方向传播的一系列平面电磁波之和。只要知道了参与叠加的各个平面波的复振幅对传播方向的关系，场的特性就完全确定了，如同信号与系统分析中，知道了信号的频谱函数，与知道信号本身具有相同的意义。

在线性无源媒介中，对简谐电磁场，满足 Helmholtz 方程：

$$\nabla^2 \boldsymbol{E} + k^2 \boldsymbol{E} = 0 \tag{2-74}$$

其中，$k^2 = \omega^2 \mu \delta - \mathrm{j}\omega\mu\sigma$（$\delta$ 是介电常数，μ 是磁导率，σ 是电导率）。

不失一般性地，可以假定 $\sigma = 0$（否则只需要把 σ 换成 $\delta' = \delta - \mathrm{j}\sigma/\omega$ 即可），于是

$$k^2 = \omega^2 \mu \delta \tag{2-75}$$

其中 Helmholtz 方程的基本解为 $\boldsymbol{E}(r) = \boldsymbol{A}(\boldsymbol{k}) \exp(-\mathrm{j}\boldsymbol{k} \cdot \boldsymbol{r})$，$\boldsymbol{A}(\boldsymbol{k})$ 代表该平面波的复振幅矢量，式中矢量：

$$\begin{cases} \boldsymbol{k} = k_x \widehat{x} + k_y \widehat{y} + k_z \widehat{z} \\ k_x A_x(\boldsymbol{k}) + k_y A_y(\boldsymbol{k}) + k_z A_z(\boldsymbol{k}) = 0 \end{cases} \tag{2-76}$$

$\boldsymbol{k}$ 称为矢量波数，大小由 $k^2 = \omega^2 \mu \delta$ 决定，其方向代表平面波的传播方向。

由于 $\boldsymbol{k} \cdot \boldsymbol{k} = \omega^2 \mu \delta = k_x^2 + k_y^2 + k_z^2$，所以 k 的三个分量中只有两个是相互独立的。若取 k_x, k_y 是两个独立变量，可以导出 k_z：

$$k_z = \begin{cases} \sqrt{k^2 - k_y^2 - k_z^2} & (k_y^2 + k_z^2 \leqslant k^2) \\ -\mathrm{j}\sqrt{k_y^2 + k_z^2 - k^2} & (k_y^2 + k_z^2 > k^2) \end{cases} \tag{2-77}$$

式 (2-77) 里根号前取负号，为了保证 $\boldsymbol{E}(r) = \boldsymbol{A}(\boldsymbol{k}) \exp(-\mathrm{j}\boldsymbol{k} \cdot \boldsymbol{r})$ 所表示的波在 $x \to +\infty$ 时为有限值，又因为无源场散度为 0，即 $\nabla \cdot \boldsymbol{E} = 0$，将此关系代入下式：

$$\boldsymbol{E}(r) = \boldsymbol{A}(\boldsymbol{k}) \exp(-\mathrm{j}\boldsymbol{k} \cdot \boldsymbol{r}) \tag{2-78}$$

得

$$\boldsymbol{k} \cdot \boldsymbol{A}(\boldsymbol{k}) = 0 \tag{2-79}$$

即

$$k_x A_x(\boldsymbol{k}) + k_y A_y(\boldsymbol{k}) + k_z A_z(\boldsymbol{k}) = 0 \tag{2-80}$$

由此，$\boldsymbol{E}(r) = \boldsymbol{A}(\boldsymbol{k}) \exp(-\mathrm{j}\boldsymbol{k} \cdot \boldsymbol{r})$ 表示的场的取向与场的传播方向垂直。所以 $\boldsymbol{A}(\boldsymbol{k})$ 的三个分量中也只有两个是独立的。令两个独立的分量为 $A_y(\boldsymbol{k}), A_z(\boldsymbol{k})$，于是

$$A_x = -\frac{1}{k_x}[A_y(\boldsymbol{k})k_y + A_y(\boldsymbol{k})k_z] \tag{2-81}$$

与 $\boldsymbol{E}(r) = \boldsymbol{A}(\boldsymbol{k}) \exp(-\mathrm{j}\boldsymbol{k} \cdot \boldsymbol{r})$ 相对的磁场强度为

$$\boldsymbol{H}(r) = -\frac{1}{\mathrm{j}\omega\mu}\nabla \times \boldsymbol{E} = \frac{1}{\omega\mu}\boldsymbol{k} \times \boldsymbol{A}(\boldsymbol{k}) \exp(-\mathrm{j}\boldsymbol{k} \cdot \boldsymbol{r}) \tag{2-82}$$

由于线性场方程的性质，把 $\boldsymbol{E}(r) = \boldsymbol{A}(\boldsymbol{k}) \exp(-\mathrm{j}\boldsymbol{k} \cdot \boldsymbol{r})$ 对所有 k_y，k_z 积分，便可构成无源场的一般解：

$$\boldsymbol{E}(r) = \int_{-\infty}^{\infty} \int_{-\infty}^{\infty} \boldsymbol{A}(\boldsymbol{k}) \exp(-\mathrm{j}\boldsymbol{k} \cdot \boldsymbol{r})\mathrm{d}k_y \mathrm{d}k_z \tag{2-83}$$

$$\boldsymbol{H}(\boldsymbol{r}) = \frac{1}{\omega\mu} \int_{-\infty}^{\infty} \int_{-\infty}^{\infty} \boldsymbol{k} \times \boldsymbol{A}(\boldsymbol{k}) \exp(-\mathrm{j}\boldsymbol{k} \cdot \boldsymbol{r})\mathrm{d}k_y \mathrm{d}k_z \tag{2-84}$$

式 (2-83) 和式 (2-84) 即平面波的展开式。其中的 $\boldsymbol{A}(\boldsymbol{k})$ 称为波数谱，表示平面波在 $\boldsymbol{k}$ 方向上传播的复振幅。如果 $x = d$ 为常数，对应平面场上的横向分量

$$E_\mathrm{t}(d, y, z) = \hat{y}E_y(d, y, z) + \hat{z}E_x(d, y, z) \tag{2-85}$$

这在实际工作中是可以测得的，由 $\boldsymbol{E}(r) = \int_{-\infty}^{\infty} \int_{-\infty}^{\infty} \boldsymbol{A}(\boldsymbol{k}) \exp(-\mathrm{j}\boldsymbol{k} \cdot r)\mathrm{d}k_y \mathrm{d}k_z$ 可得

$$E_\mathrm{t}(d, y, z) = \int_{-\infty}^{\infty} \int_{-\infty}^{\infty} A_\mathrm{t}(k)\mathrm{e}^{-\mathrm{j}k_x x}\mathrm{e}^{-\mathrm{j}(k_y y + k_z z)}\mathrm{d}k_y \mathrm{d}k_z \tag{2-86}$$

易得 $A_t(\boldsymbol{k})$ 是 $x = d$ 平面上横向场 $E_t(d, y, z)$ 的二维傅里叶变换,由此推出

$$A_t(\boldsymbol{k}) = \frac{1}{4\pi^2} \mathrm{e}^{\mathrm{j}k_x x} \int_{-\infty}^{\infty} \int_{-\infty}^{\infty} E_t(d, y, z) \mathrm{e}^{-\mathrm{j}k_x x} \mathrm{e}^{\mathrm{j}(k_y y + k_z z)} \mathrm{d}k_y \mathrm{d}k_z \tag{2-87}$$

即求得 $A_t(\boldsymbol{k})$,再通过

$$A_x = -\frac{1}{k_x}[A_y(\boldsymbol{k})k_y + A_y(\boldsymbol{k})k_z] \tag{2-88}$$

可得 A_x,进而可得知 $\boldsymbol{A}(\boldsymbol{k})$,代入 $\boldsymbol{E}(\boldsymbol{r}) = \int_{-\infty}^{\infty} \int_{-\infty}^{\infty} \boldsymbol{A}(\boldsymbol{k}) \exp(-\mathrm{j}\boldsymbol{k} \cdot \boldsymbol{r}) \mathrm{d}k_y \mathrm{d}k_z$,即可知道 $x > 0$ 情况下任何一点的场。其中应该注意计算技巧,在观察点远离天线的情况下,近似结果为

$$\boldsymbol{E}(\boldsymbol{r}) = \mathrm{j}\frac{2\pi}{r} k_{0x} \boldsymbol{A}(\boldsymbol{k}_0) \exp(-\mathrm{j}\boldsymbol{k} \cdot \boldsymbol{r}) \tag{2-89}$$

式中

$$k_0 = k\hat{r} = k(\hat{x}\sin\theta\cos\varphi + \hat{y}\sin\theta\sin\varphi + \hat{z}\cos\theta)$$

其中,θ, φ 分别为观察点相应的极角和方位角;k_{0x} 是 k_0 在 x 轴上的投影,即

$$k_{0x} = k\sin\theta\cos\varphi \tag{2-90}$$

由以上推导可以总结出:

(1) 天线 (θ, φ) 方向的辐射远场正比于 $\sin\theta\cos\varphi \cdot A(k\sin\theta\sin\varphi, k\cos\theta)$,即天线的远场方向图为

$$F(\theta, \varphi) = C\sin\theta\sin\varphi A(k\sin\theta\sin\varphi, k\cos\theta) \tag{2-91}$$

式中,C 与 θ, φ 无关。

(2) 知道 $A(k) = A(k_y, k_z)$ $(k_y^2 + k_z^2 \leqslant k^2)$ 就可确定天线远场方向图。

$$\boldsymbol{A}(\boldsymbol{k}) = \boldsymbol{A}(k_y, k_z) \quad (k_y^2 + k_z^2 > k^2)$$

对应沿着 x 轴方向呈幂次衰减的波,对远场无影响。

参 考 文 献

[1] Balanis C A. Antenna Theory—Analysis and Design. New Jersey: Wiley-Interscience, 2005

[2] 李莉. 天线与电波传播. 北京: 北京邮电大学出版社, 2009

第3章 紧缩场天线测量方法

3.1 紧缩场天线测量方法的理论

3.1.1 紧缩场的发展与现状

随着现代社会科学技术的发展，高频电磁波，特别是毫米波、亚毫米波理论技术的应用日益广泛。而作为设备发送和接收电磁波的重要部件 —— 天线，其测试遇到了相应的困难。传统的天线测量采用的是远场测试法，要求发射天线和待测天线间隔 $2D^2/\lambda$ 的距离，以满足在待测天线接收平面上所接收电磁波的最大相位差 $22.5°$ 的条件。当天线工作频率升高时，该测试环境比较难以实现。高频天线的远场测试对场地大小的要求很苛刻，且在室外远场测试还会遇到对准困难、气候影响、保密性差、杂波多等干扰。紧缩场天线测量系统正是有效解决以上问题的一个方法。

紧缩场的探索和研究始于 20 世纪 50 年代。到 20 世纪 60 年代，乔治亚理工学院的 Johnson 和他的同事取得了较为成功的紧缩场研究成果，他的研究也被视作现代紧缩场技术研究的开端[1]，并于 1974 年在乔治亚理工学院建成了一个直径 10ft 的抛物面反射镜，为以后的一系列发展奠定了基础。SA 公司进一步发展了 Johnson 在乔治亚理工学院的研究成果，在 1974 年左右将其投入市场。1976 年，Vokurka 在埃因霍芬理工大学发展了一种采用两个抛物柱面反射面的双柱面紧缩场天线测量系统[2]。近十年来，全息紧缩场技术由赫尔辛基理工大学的 Hirvonen、Ala-Laurinaho、Raisanen 等发展起来并得以应用。目前欧洲空间局已经建有多个不同类型的紧缩场暗室，其中用于有效载荷测试的紧缩场静区截面最大尺寸超过了 8m。在紧缩场研究与应用方面，可以说欧洲空间局的研究机构取得的成果以及它所资助的研究项目代表了当今紧缩场技术的最高水平。

由于种种原因，国内对紧缩场的研究起步较晚，相对于国外在紧缩场设计、制造技术方面的发展，国内对紧缩场应用技术的研究还有些滞后，但也取得了很大的成果。目前国内从事紧缩场研究的主要是北京航空航天大学，在紧缩场测量系统的研究方面已经开展了一些工作，设计并加工制造了单反射镜紧缩场系统，能成功运行于 75GHz[3]，总体加工精度达到 40μm。而国内一些航天研究所通过购买得到更高频率的紧缩场测量系统。

直到紧缩场技术发展多年之后，它的实用性才逐渐被天线测量界接受。传统上人们总试图在室外测试场地进行测量。而随着人们对可控的、安全的测量环境的不断需求，紧缩场技术受到越来越多的重视。总体说来，现代紧缩场已经发展为三种基本类型：反射镜型、透镜型、全息紧缩场。其中反射镜对电磁波束的吸收小，且大尺寸反射镜相比大尺寸透镜加工工艺更成熟，制造成本相对低。相比于全息紧缩场，反射镜型紧缩场的运行频率宽度更宽。因此反射镜型紧缩场研究最为成熟，这里将重点介绍反射镜型紧缩场系统。

紧缩场测量的测量结果会受到口面遮挡效应、馈源直接辐射待测天线、衍射效应、天线间的去极化耦合、墙的反射等因素影响。为了消除这些影响可以采取一些办法，如使用偏置馈源消除口面遮挡效应并减少衍射效应；使用长焦距反射镜可以进一步减少直接辐射和衍射的作用，此外使用长焦距反射镜时馈源可以被安置在待测天线下方，这样就可以减小与曲面相关的去极化效应。照射到待测天线的其他辐射可以使用高质量吸波材料减小。本章将介绍一些具体方法。

3.1.2 紧缩场指标

反射镜型紧缩场系统的基本原理是利用反射镜对馈源的出射波束进行聚焦，并将波束转换成可用于天线测量的准平面波，如图 3-1 所示。

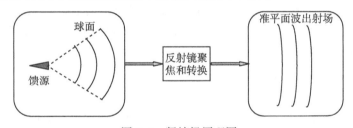

图 3-1 紧缩场原理图

如图 3-1 所示，一般把馈源出射的电磁波认为是球面波，而经过反射镜的聚焦转换后，得到准平面波出射场。如果反射镜能够做到镜面光滑无缺陷，尺寸无限大，那么由置于焦点的点源进行馈电，通过 CATR 就可以产生标准的平面波。但事实以上条件尚不能满足，因此只能得到准平面波。该出射场波阵面不可能是完全平整的，而是有着细微的扰动。一般来说，准平面波出射场中部的扰动相对平缓，适用于天线测量的区域，称为静区。

图 3-2 是出射电场幅度的示意图，其中中部的平坦区域是静区，其大小为0.72m。学术界普遍接受以下几项指标作为紧缩场的评判标准：

(1) 工作频带宽度；

(2) 静区要求；

(3) 静区利用率；

(4) 高紧缩性；

(5) 交叉极化隔离度。

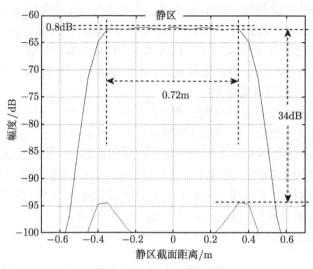

图 3-2　出射电场幅度

　　其中运行频率宽度一般由设计方案、馈源和反射镜加工误差等因素确定，设计时期望其尽量宽。宽的运行频带才能测量更多不同频率的天线，因为紧缩场的制造费用比较昂贵，所以期望其运用于天线测试的频率越宽越好。现在比较常用的抛物面单反射镜紧缩场的运行带宽一般能达到 100GHz。

　　静区的要求一般指静区的扰动，是指静区的幅度变化值和相位变化值要求，应分别小于 1dB 和 10°。因为理想的天线远场测试是使用平面波照射待测天线，以得到天线的接收参数。而紧缩场产生的准平面波尽管不可能完全如理想平面波一样平整，也需要把扰动控制在一定范围内，如图 3-2 中静区的最大幅度变化值为 0.8dB。

　　静区利用率是指静区尺寸与反射镜尺寸的比例。在多反射镜紧缩场系统中，反射镜尺寸主要是主反射镜即最终出射电磁场的反射镜尺寸。因为制作大尺寸的反射镜是非常昂贵的，而且反射镜越大，引入的加工误差越大，这会使紧缩场的性能下降。增大静区利用率，则在测量相同天线的条件下，使用相对较小尺寸的反射镜，不仅降低制造成本，且更容易控制加工误差。例如，传统的抛物面单反射镜紧缩场系统，其静区利用率约为 30%，如果需要测量 1m 尺寸的天线，则反射镜最小需要 3m。而在图 3-2 的实例中，1m 尺寸的主反射镜产生了 0.72m 的静区，静区利用率高达 70%以上。

　　高紧缩性。紧缩场的优点就是用尽量小的场地达到远场天线测试的效果，因此期望系统的结构比较紧凑。

交叉极化隔离度。一般要求大于 30dB，即电场的交叉极化幅值比共极化低 30dB 以上，隔离度的大小说明了系统对波束控制的优劣，如图 3-2 实例中出射场的交叉极化隔离度为 34dB。交叉极化波是由反射镜的反射引起的，在多反射镜紧缩场系统中，不同的反射类型 (格雷戈里型、卡塞格林型) 对交叉极化的影响不同，这些影响将在后面章节中具体介绍。

3.1.3　使用反射镜边缘处理方法减小衍射效应

　　幅度和相位抖动主要是反射镜边缘衍射引起的。衍射场分布在各个方向，会在静区场产生干涉模式，如图 3-3(a) 所示。已有很多关于反射镜边缘的研究致力于最小化静区抖动。反射镜边缘处理通过对傅里叶变换的窗函数进行物理模拟实现。

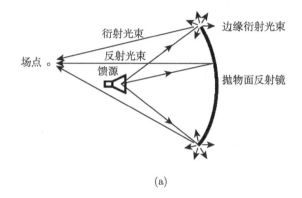

(a)

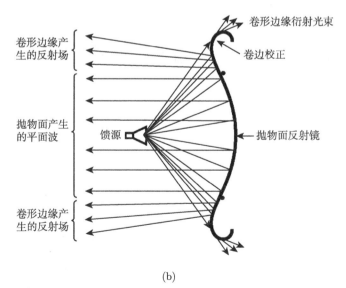

(b)

图 3-3　CATR 系统静区幅度和相位抖动有反射波束与散射波束的相位及产生[4]

(a) 刃形边缘; (b) 卷形边缘

　　边缘处理可以减少反射镜边缘和自由空间的不连续性。一般的反射镜边缘处理包括锯齿边和卷边两种方法，如图 3-4 所示。使用锯齿效应的原理是边界衍射效应。锯齿产生许多小幅度衍射波，而矩形边缘锋利的四条直线边缘和拐角产生大幅度衍射波。这些小幅度衍射波在位置和方向上是近似随机的；因此在静区会互相抵消。大多数锯齿边 CATR 系统使用三角形锯齿，在每个锯齿边适度弯曲可以提高高频下的工作性能[5]。另一种减小衍射效应的方法是卷边处理方法，如图 3-3(b) 所示[4,6,7]。

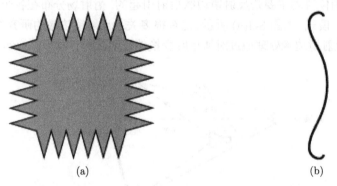

(a)   (b)

图 3-4   两种常见的用于减小静区衍射场的 CATR 反射边缘处理方法

(a) 锯齿边 CATR 系统前视图; (b) 卷边 CATR 系统侧视图

　　通过理论计算得到刃形边缘反射镜产生的静区场与卷边反射镜产生的静区场比较，如图 3-5 所示，结果表明了该边缘处理方法的有效性。还有一种减小静区抖动的方法就是在反射镜边缘减小照射场幅度。这可以通过使用高增益馈源或者设计阵列馈源实现[8-12]。最后反射镜的表面电流可以通过逐步减小反射镜介质的电导或电阻来切断。

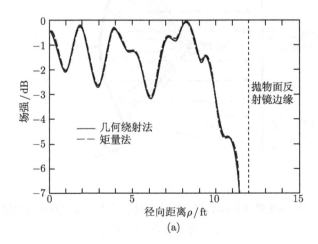

(a)

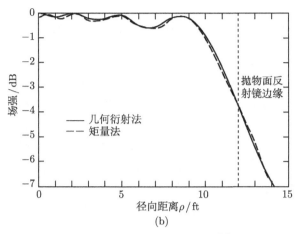

图 3-5 静区场强–距离曲线[4]

(a) 刃形边缘; (b) 卷形边缘

3.1.4 紧缩场测量方法

紧缩场测量方法的测试框图如图 3-6 所示。

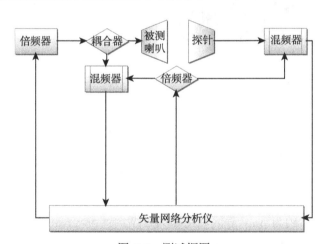

图 3-6 测试框图

由矢量网络分析仪产生低频信号, 低频信号经由倍频器产生所需要的太赫兹信号, 太赫兹信号通过耦合器产生测试信号与参考信号, 其中一路测试信号进入馈源喇叭并被探头接收, 中频测试信号由测试信号与本振信号混频得到。中频参考信号可由同样方法得到, 将上述信号输入矢量网络分析仪中进行进一步处理便可得到测量数据。

3.2   单反射镜紧缩场天线测量系统

图 3-7 是单反射镜紧缩场的实例图和简略原理图。该类型紧缩场采用抛物面或者圆柱抛物面反射镜，对于所有的紧缩场设计，馈源天线都会在准直传播方向偏置一些角度，这样做可以消除阻挡效应，减少馈源对静区的散射。偏置的具体做法是采用抛物面反射镜不包括顶点的一部分，这种设计称为"虚顶点"紧缩场，如图 3-7(b) 所示。理论上，置于抛物面的焦点位置的馈源向反射镜发射球面波，经反射后到达接收平面的所有光线，其路径是相等的，则在接收平面上可得到平面波。单反射镜紧缩场的优点很明显，由于馈源天线辐射方向几乎直接背对静区，所以对静区的辐射溢出影响很低，并且原理和制造相对很简单。

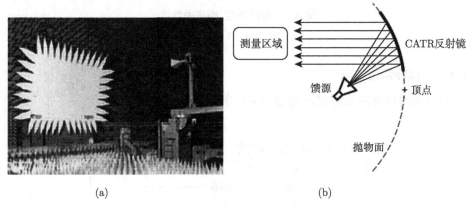

(a)   (b)

图 3-7   单反射镜紧缩场

(a) 实例图; (b) 简略图

但其缺点同样很明显：首先，单反射镜紧缩场的静区利用率非常低，只有 30% 左右，这是该类型紧缩场最大的一个缺点。从图 3-8 可见，系统出射场是一个凸包的形状，只有中部的小部分区域符合天线测试的要求，大小约为 0.8m，而该实例紧缩场的反射镜尺寸约为 3m，静区利用率为 27%。

其次，设计单反射镜紧缩场时，不能很好地控制出射场场强分布。由于抛物面外形是固定的，只能简单地应用抛物面等长原理，而不能由设计者对波束赋形。因为在实际中，出射场静区的扰动主要是由反射镜的边缘衍射波引起的，如果不能对波束赋形，则只能使用更大尺寸的反射镜或者其他措施以减小边缘衍射波。

在理想设计中，要求馈源发射的是理想球面波，即波阵面上的振幅都是均一的。事实上，馈源不能出射理想的球面波，如在 50~500GHz 频带上，喇叭馈源的出射电场更接近于高斯分布，而不是均匀分布，因此经过反射镜反射后一般为圆凸起的形状。

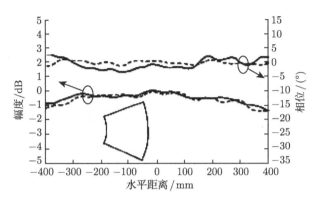

图 3-8 单反射镜紧缩场系统出射场

最后就是加工经费和误差问题。如图 3-8 的实例，3m 尺寸的反射镜只能提供 0.8m 大小的静区。当需要测量尺寸较大的天线或者雷达散射截面 (RCS) 时，只能增大反射镜的尺寸。大尺寸反射镜的制造费用是非常昂贵的，而且现在实验室环境的大尺寸反射镜一般是先分块加工局域镜面，然后再组装起来，这种做法可能会引起更大的误差，影响静区质量。

3.3 双反射镜紧缩场天线测量系统

3.3.1 卡塞格林双反射镜 CATR

传统的双反射镜系统是卡塞格林形式，如图 3-9 所示。

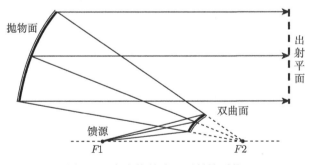

图 3-9 卡塞格林式双反射镜系统

传统的卡塞格林式双反射镜系统由一个双曲面副反射镜、一个抛物面主反射镜和一个馈源构成。其中双曲面的虚焦点与抛物面的焦点重合，即图 3-9 中的 $F2$，而馈源安放在双曲面的实焦点 $F1$。馈源向双曲面副反射镜照射波束，根据几何光

学 (GO) 原理, 经双曲面反射向抛物面主反射镜的光线是逆向经过重合焦点 $F2$ 的, 因此馈源光线被两个镜子高度聚焦成平行光线。

卡塞格林双反射镜系统能够使系统结构更紧凑。在单反射镜系统中, 馈源是放置于 $F2$ 处的, 在水平方向上要求的空间比较大。而双曲面副反射镜的引入, 采用了回折的光路, 并使馈源在抛物面焦点 $F2$ 处产生了一个虚拟的发射源, 则保证了对波束高度聚焦的同时, 节省系统空间。

但双曲面反射镜和抛物面反射镜组成的卡塞格林系统有一个缺点: 从馈源出射的光线到出射平面, 其光程长度不是恒定的, 在出射平面上接收到的电磁波是有相位差的。

为了克服这些缺点, 可采用赋形面反射镜代替传统卡塞格林系统中的双曲面和抛物面反射镜[13], 为了与传统卡塞格林区别, 我们称之为赋形面卡塞格林系统。赋形面是这么一种曲面, 该曲面不能用简单的球面、抛物面、双曲面等常见曲面定义, 而是对曲面进行抽样, 通过每个定义抽样点上的曲面参数来定义整个曲面。赋形面的曲面参数将在第 4 章中详细介绍。

通过使用赋形面对馈源波束聚焦, 赋形面卡塞格林紧缩场能保证光程等长条件, 并按照设计者的期望出射所需的电磁波束。

使用赋形面卡塞格林紧缩场系统, 在保证了光程等长的条件下, 得到等相位平面。而且设计者可以通过控制出射的波形, 增大中部平整区域以增大静区利用率, 相对于单反射镜的波形不可控, 这是一个很大的优势。一般控制出射波形如图 3-2 所示形态, 中部是平整的静区, 在接近反射镜边缘时电磁波能量陡峭下降, 目的是减小反射镜边缘的衍射效应, 因为衍射波是影响静区质量的最大因素。这里需要提醒的是, 设计时, 理论上是可以把静区利用率定义得非常大并设计出相应的反射镜, 但在实际系统加工和测试中, 反射镜的制造和装配并不是完全理想的, 因此若静区的尺寸过大, 则无法保证电磁波在镜子边缘陡峭下降, 相应的反射镜边缘衍射波随着增大并影响出射场静区的质量, 使静区的扰动超出指标。因此, 在设计过程中, 设计者需要在静区利用率和静区质量之间作权衡选择, 在保证静区扰动符合指标的同时, 尽量增大静区利用率。

相对于普通形状的反射镜, 赋形面卡塞格林紧缩场系统制造费用昂贵。赋形面反射镜的加工费用高, 且加工精度也比普通反射镜的差。当运行频率增大时, 在保证加工精度的情况下制作大尺寸的赋形面反射镜, 将增加制造费用。从图 3-3 可看出, 馈源的边缘漏波会直接照射向出射静区, 影响静区质量。

3.3.2   双抛物柱面反射镜 CATR

双抛物柱面反射镜 CATR 简图如图 3-10 所示, 安置两个相互正交的抛物柱面。馈源产生的球面波的波前通过第一个反射镜准直到水平 (或垂直) 方向, 然后被正交面上的第二个反射镜准直。馈源的辐射方向几乎垂直于波的传播方向，故而馈源对静区的直接影响较大。经验上，馈源辐射溢出对静区的影响可以通过技术消除。该设计的交叉极化率较低，这是因为双重折叠的光束使得主反射镜焦距更长。

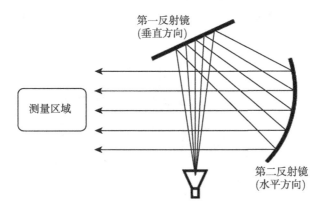

图 3-10 抛物柱面 CATR 使用第一个反射镜进行准直，然后使用第二个反射镜把电磁场准直到正交平面

3.3.3 双赋形反射镜 CATR

双赋形反射镜 CATR 结构图如图 3-11 所示，结构上与卡塞格林天线类似，但是使用的反射镜镜面与经典的抛物面或双曲面不同。使用迭代设计可以决定副反射镜的形状，主反射镜用于产生目标静场。通过合适的赋形镜设计使得副反射镜能够将馈源模式映射到主反射镜，并且能量密度均匀地照射在主反射镜的中心，同时幅度顺着反射镜边缘方向衰减。该设计可以提高辐射效率。高辐射效率可以减少辐射溢出从而减少杂散，提高系统灵敏度。

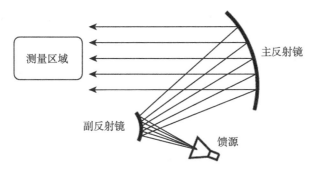

图 3-11 类似卡塞格林结构的双赋形反射镜 CATR

3.4　单抛物柱面反射镜 CATR

单抛物柱面反射镜 CATR 系统实质上是双抛物柱面反射镜 CATR 的一半。反射镜在垂直面的投影是抛物线，在水平面的投影是直线。该半紧缩系统只在垂直方向准直，产生柱面波的静区，如图 3-12 所示[14-16]。

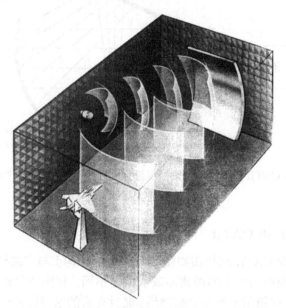

图 3-12　单抛物柱面紧缩场在静区产生柱面波

该紧缩场结构已在亚利桑那州立大学的电磁消音室投入使用。这种单抛物柱面准直场（SPCR）技术相对传统 CATR 系统和 NF/FF 转换系统有许多优点。采取了许多折中，对于尺寸较小的天线（相对于柱面波波前的曲率半径），其远场辐射模式可以直接测量。由于光路折叠，SPCR 产生的柱面波波前半径比球面波波前曲率半径要大。因此，使用 SPCR 可以在室内直接测量较大尺寸天线的远场模式。当天线尺寸与曲率半径相当时，使用 NF/FF 转换技术获得远场模式。然而，由于电磁场准直到垂直面，只需要一个维度的传播模式，这大大简化了 NF/FF 转换技术的算法。更重要的是，在近场测量得到的方位角模式和目标远场之间有一一对应的关系。获取数据的时间与 CATR 系统相当，NF/FF 转换消耗的时间几乎可以忽略。SPCR 的静区尺寸也很有优势。在垂直面上静区尺寸几乎与传统 CATR 相同；在水平面静区尺寸几乎与反射镜水平尺寸相同。对于给定尺寸的消声室和反射镜，当测量目标有更大的水平尺寸时，可以使用 SPCR 代替传统的 CATR。SPCR 系统相对便宜，制造成本是传统 CATR 系统的 60%。

考虑到 NF/FF 转换的复杂性，该柱面波方法也有一些缺点。由于静区场展开为柱面波，直接辐射到消声室的很大一部分，所以设计消声室墙壁时需要控制边缘杂散。同时使用该方法还会牺牲部分测量精度。

3.5　小　　结

本章论述了紧缩场系统的发展状况。随着利用的电磁波频率越来越高，远场天线测量方法对高频天线测量场地和环境提出了苛刻的要求。而紧缩场天线测量系统将是有效解决该困难的一个方法。相对于远场测试法，紧缩场天线测量系统所需空间非常小，在微波暗室，进一步降低了外界电磁波对天线测量的干扰，提高了测量结果的精确度。

常用紧缩场系统是单反射镜紧缩场系统，利用的是简单的抛物面聚焦原理，系统结构简单，但不能对电磁波束进行控制，从而静区利用率低下。针对该问题，多反射镜紧缩场系统引入了赋形面反射镜，能对波束进行很好的聚焦和赋形控制，提高了静区利用率。第 4 章将介绍三反射镜紧缩场系统。三反射镜紧缩场系统有显著的优势，它在保证波束赋形、提高静区利用率的同时，能相对降低加工费用。

参 考 文 献

[1] Johnson R C. Performance of a compact antenna range. IEEE hat. Symp. on Ant. and Prop., Illinois, U.S.A., 1975

[2] Vokurka V J. New compact range with cylindrical reflectors and high efficiency. I.E.Z, Symp. on Microwaves, Munich, 1976

[3] 全绍辉, 何国瑜, 徐永斌, 等. 一个高性能单反射面紧缩场. 北京航空航天大学学报, 2003, 29(9): 767-769

[4] Burnside W D, Gilreath M C, Kent B M, et al. Curved edge modification of compact range reflector. IEEE Trans. Antennas Propagat., 1987, 35(2): 176-182

[5] Schluper H F. Verification method for the serration design of CATR reflectors. AMTA Proceedings, Monterey, CA, 1989

[6] Burnside W D, Gilreath M C, Kent B. A rolled edge modification of compact range reflectors. Presented at AMTA Conf., San Diego, CA, 1984

[7] Hurst M R, Reed P E. Hybrid compact radar range reflector. AMTA Proceedings, Monterey, CA, 1989

[8] McKay J P, Rahmat-Samii Y. Multi-ring planar array feeds for reducing diffraction effects in the compact range. AMTA Proceedings, Columbus, OH, 1992

[9] McKay J P, Rahmat-Samii Y, Espiau F M. Implementation considerations for a compact range array feed. AMTA Proceedings, Columbus, OH, 1992

[10] McKay J P, Rahmat-Samii Y. A compact range array feed: tolerances and error analysis. Int. IEEE/AP-S Symp. Dig., 1993, 3: 1800-1803

[11] McKay J P, Rahmat-Samii Y, De Vicente T J, et al. An X-band array for feeding a compact range reflector. AMTA Proceedings, Dallas, TX, 1993: 141-146

[12] Parini C G, Philippakis M.Use of quiet zone prediction in the design of compact antenna test ranges. IEE Proc.-Microw. Antennas Propag., 1996: 193-199

[13] Glindo V. Design of dual-reflector antennas with arbittary phase and amplitude distributions. IEEE Trans. Antennas Propagat., 1964, 12(4): 403-408

[14] Lam K W, Vokurka V J. Hybrid near-field/far-field antenna measurement techniques. AMTA Proceedings, Boulder, CO, 1991

[15] Birtcher C R, Balanis C A, Vokurka V J. RCS measurements, transformations, and comparisons under cylindrical and plane wave illumination. IEEE Trans. Antennas Propagat., 1994, 42(3): 329-334

[16] Birtcher C R, Balanis C A, Vokurka V J. Quiet zone scan of the single-plane collimating range. AMTA Proceedings, Boulder, CO, 1991

第4章　三反射镜紧缩场测量系统设计原理

基于第 3 章所述，单反射镜紧缩场的静区利用率低，而赋形面卡塞格林紧缩场系统的大尺寸赋形面加工费用昂贵。为了解决以上的问题，采用三个反射镜的紧缩场系统，其中主反射镜使用的是大尺寸的普通形状反射镜，如球面、抛物面、双曲面等，使用两个尺寸较小的赋形面副反射镜对馈源波束进行聚焦赋形。经过两个副反射镜的变换后，电磁波入射到主反射镜并转换到所期望的出射场。

三反射镜紧缩场相对于单反射镜和卡塞格林形式的紧缩场系统，优势在于能通过赋形副反射镜控制波束赋形，使之能按设计者期望得到波形，增大静区利用率。而且赋形面作为副反射镜，保证波束赋形效果的同时，可以极大地减小赋形反射镜尺寸，减少系统加工费用。

4.1　三反射镜天线测量系统的结构

按照每两个反射镜之间的波束聚焦配置，三反射镜紧缩场可以设计成四种配置：双卡塞格林形式、卡塞格林–格雷戈里形式、双格雷戈里形式、格雷戈里–卡塞格林形式，如图 4-1 所示。反射镜之间的波束聚焦可分为两种情况：卡塞格林形式和格雷戈里形式。格雷戈里形式如图 4-1(b) 虚线圈区域所示，是指在两个反射镜间的波束高度集中的区域，犹如平行光线被凸透镜聚焦到焦点上，因此这个区域称为焦散区。卡塞格林形式和格雷戈里形式的区别就在于是否具有焦散区。

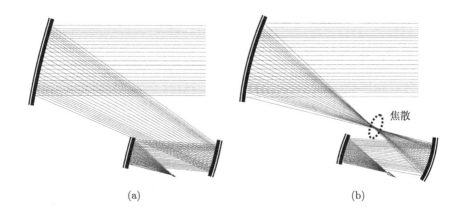

(a)　　　　　　　　　　　　　　　　(b)

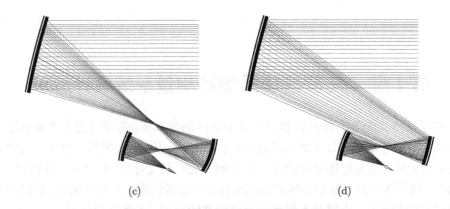

(c)　　　　　　　　　　　　　　　　(d)

图 4-1　三反射镜紧缩场系统的四种形式

(a) 双卡塞格林; (b) 卡塞格林–格雷戈里; (c) 双格雷戈里; (d) 格雷戈里–卡塞格林

　　四种反射形式各有优缺点，这将在后面章节中详细分析。三反射镜紧缩场系统，采用的赋形面反射镜对波束进行赋形控制，使各子光程长度相等，且同时使波束能量重新分布为图 4-2 所示的波形，中间是平整的测量静区，接近反射镜边缘则陡峭下降以减小边缘衍射效应。通过波束赋形，三反射镜紧缩场系统能增加静区的尺寸，提高静区利用率，相对于常用的单反射镜紧缩场，这是一个非常大的优势，如图 4-2 所示。

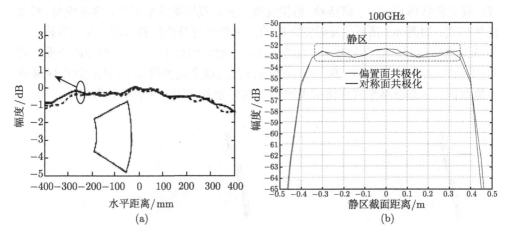

图 4-2　两种紧缩场静区对比

(a) 单反射镜紧缩场静区; (b) 三反射镜紧缩场静区

　　图 4-2(a) 是文献 [1] 中单反射镜紧缩场的出射场静区，在该例子中采用了 3m 尺寸的主反射镜，得到约 0.8m(图中从 −400mm 到 400mm) 的静区，静区利用率为 27%。图 4-2(b) 是一个三反射镜紧缩场设计例子，从仿真结果看，该系统使用了

1m 尺寸的主反射镜，得到 0.7m(图中从 −0.35m 到 0.35m) 的静区，静区利用率高达 70%。高利用率说明了系统的高效性，当需要测量同一个天线时，高利用率的紧缩场系统所需主反射镜尺寸相对小，则相对减少了加工主反射镜的费用。同时，赋形面是作为副反射镜使用的，因此尺寸相对小，则可以减少加工费用。

QMUL 设计并加工了一个卡塞格林–格雷戈里形式三反射镜紧缩场系统，如图 4-3 所示。

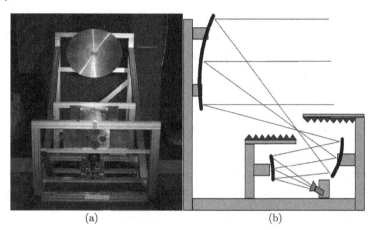

图 4-3 QMUL 设计加工的三反射镜紧缩场系统

(a) 实物; (b) 简略图

QMUL 三反射镜紧缩场采用了卡塞格林–格雷戈里反射形式，使用了一个 1m 尺寸的球面主反射镜和两个约 0.35m 的赋形副反射镜，并在 90GHz 的频段测试得到 1.4dB 的静区幅度扰动。

本书中设计的三反射镜紧缩场将针对 100GHz 以上的运行频率，期望能得到较大的静区利用率和较高的交叉极化隔离度。

4.2 三反射镜天线测量系统的设计方法

三反射镜 CATR 的设计难点在于三个反射镜面的设计。三反射镜 CATR 是基于几何光学里的射线跟踪方法对三个反射镜面进行设计的。采取几何光学法而不是物理光学法的一个主要原因是，几何光学法具有频率无关特性。因为 CATR 的设计是针对比较宽的频带范围内天线的测量，需要很宽的频带特性，所以采用几何光学法对其进行设计[2,3]。

4.2.1 几何光学射线跟踪法

在几何光学中，光束看成无数几何光线波束的集合，光线的方向代表波束的传播方向。在此假设下，根据光线的传播规律，在研究物体被透镜或其他光学元件成像的过程，以及设计光学仪器的光学系统等方面都显得十分方便和实用。

在三反射镜 CATR 的设计过程中，主要运用光线波束的直线传播定律和反射定律，即波束在两个反射镜间沿直线方向传播，当遇到反射镜时将被反射镜反射，改变传播方向并继续传播。在设计 CATR 时先把馈源波束分解为足够多的光线子波束，然后根据几何光学的传播定律和反射定律，分别对各子波束进行射线跟踪，计算出子波束的传播路径和状态，进而计算出反射镜曲面。

在采用的动态波束跟踪法中，主要涉及两个参量，分别为波阵面参量和波带参量。通过研究这两个参量的变化，确定待分析子波束的形态，设计出镜面反射点的镜面参数。下面将分别对波阵面参量和波带参量进行介绍。

1. 波阵面参量

在进行波束射线跟踪时，需要确定待分析子波束的形态。在动态波束跟踪法中，波束的形态由两部分组成：波阵面曲面和波束传播方向。其中波阵面曲面可视为一个实物曲面，可使用曲面的参数 (如曲率等) 对其定义。则波束的形态可使用 5 个波束参数来描述，分别为传播单位向量 $\hat{s}$、波阵面曲面的两个相互垂直的主曲率向量 $\hat{c}_1, \hat{c}_2$ 和相对应的曲率 C_1, C_2，如图 4-4 所示。

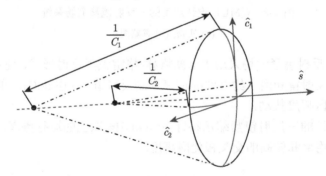

图 4-4　描述波束形态的 5 个参数

在波束沿着传播方向传播时，在被反射镜反射前，波束参数中的传播单位向量和主曲率向量是不变的，而两个相对应的曲率遵循以下变化规律，设 C_1, C_2 为传播方向上某点的曲率，则沿着传播方向传播了 s 后，两个曲率分别变化为

$$\begin{cases} C_1(s) = \dfrac{C_1}{1 + sC_1} \\ C_2(s) = \dfrac{C_2}{1 + sC_2} \end{cases} \tag{4-1}$$

当跟踪波束到达反射镜面并被反射后，5 个波束参数都会发生改变。

2. 波带参量

在动态波束跟踪法中,波带参量是一个很重要的辅助性参量,两个相互垂直的波带可以很好地描述一个波束。把子波束沿着传播方向剖开并放大观察,剖面可以看成波带沿着传播方向的一个渐变演示,如图 4-5 所示。

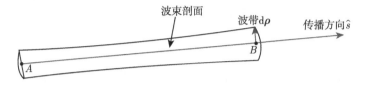

图 4-5 波束剖面示意图

图 4-5 中把一束波束沿着传播方向 $\hat{s}$ 剖开,则可以观察波带从 A 点到 B 点的变化。可以用一个垂直于传播方向的向量表示波带,如图 4-5 中的 $\mathrm{d}\boldsymbol{\rho}$,$\mathrm{d}\boldsymbol{\rho}$ 的方向垂直于 $\hat{s}$,长度表示波束的半径,一般是认为波带的长度是趋于无限小的。与波阵面参量相比,波带参量具有易跟踪的特性。因此在动态波束跟踪时,是先跟踪波带参量,然后根据波带参量和波束参数的关系计算出波束参数。图 4-6 描述了波带参量的传播特性。

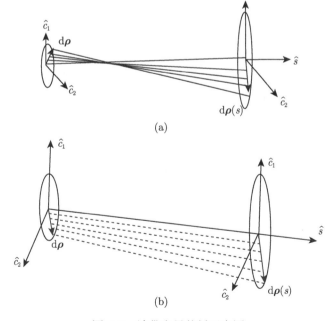

图 4-6 波带参量传播示意图

(a) 波带经过焦散区; (b) 波带未经过焦散区

图 4-6 中所描述的焦散区，是几何光学中光线比较集中的区域。当波带沿着子波束传播方向向前传播时，与波阵面参量的关系为

$$\mathrm{d}\boldsymbol{\rho}(s) = (sC_1 + 1)(\mathrm{d}\boldsymbol{\rho} \cdot \hat{c}_1)\hat{c}_1 + (sC_2 + 1)(\mathrm{d}\boldsymbol{\rho} \cdot \hat{c}_2)\hat{c}_2 \tag{4-2}$$

其中，s 为波带传播的距离；$\mathrm{d}\boldsymbol{\rho}(s)$ 为波带传播距离 s 后的波带形态。

当波带参量遇到反射镜被反射时，其遵循以下规律：

$$\mathrm{d}\boldsymbol{\rho}_{\mathrm{r}} = \mathrm{d}\boldsymbol{\rho} - 2(\mathrm{d}\boldsymbol{\rho} \cdot \hat{n})\hat{n} \tag{4-3}$$

其中，$\hat{n}$ 为反射面上反射点的法向向量；$\mathrm{d}\boldsymbol{\rho}$ 为反射后的波带形态。反射后的波带 $\mathrm{d}\boldsymbol{\rho}_{\mathrm{r}}$ 必须垂直于反射后的波束传播方向，而且反射前后的波带长度是不变的。

4.2.2　三反射镜 CATR 设计步骤

1. 映射函数

在设计 CATR 的三个镜面前，需要先得到所设计系统的映射函数 $(x,y) = F(\theta, \varphi)$。映射函数的作用是：当出射方向为 (θ, φ) 的波束从馈源发射出来后，通过映射函数，可以计算出该波束最终到达出射场的位置 (x,y)。

在运用几何光学动态波束跟踪法对三反射镜 CATR 进行设计时，运用能量守恒定律可以得到映射函数。

如图 4-7 所示，假设使用具有高斯远场的喇叭馈源，其归一化远场为

$$G(\theta) = 10^{-0.7\left(\frac{\theta}{\theta_0}\right)^2} \tag{4-4}$$

使用高斯馈源是因为，CATR 主要针对的是高频的天线测量，而高频的喇叭馈源一般都具有高斯形式的远场分布。式 (4-4) 采用的是在 14° 张角具有 −14dB 下降的高斯馈源模式。

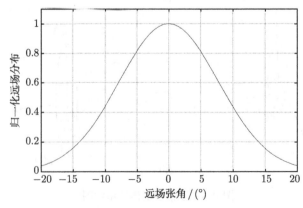

图 4-7　馈源远场分布图

图 4-8 是期望的出射近场场强分布：

$$E(r) = \begin{cases} 1 & (r > 0) \\ 10^{-\left(\frac{r-0.35}{0.5-0.35}\right)^2} & (0.5 > r > 0.35) \end{cases} \tag{4-5}$$

因为期望的是在很短的距离使用 CATR 测量，所以使用的是出射近场。该出射场是一个近似平面波，即中部具有平坦的区域，如图 4-8 中虚线框所示，称为"静区"，两边是陡峭的高斯下降，之所以使边缘陡峭下降，是因为在实际中需要考虑到电磁波的衍射效应，衍射电磁波是影响 CATR 整体效果的一个重大因素，所以这里设计了边缘 −20dB 的下降。式 (4-5) 中设置的是 0.5m 半径的出射场，静区利用率是70%，即半径 0.35m，出射场边缘会有 −20dB 的陡降。所谓的静区利用率是指静区半径和出射场半径的比例，这是一个衡量出射场利用率的量值。

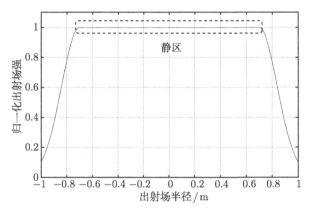

图 4-8　出射近场场强分布

在进行动态波束跟踪时必须遵守能量守恒定律，即在系统出射场可以找到从喇叭馈源出射的全部波束。从能量分布的观点看，三反射镜 CATR 的作用是把从喇叭馈源出射的波束能量重新分配，把波束重新聚焦排布成所期望的出射场。假设出射方向为 (θ, φ) 的波束，最终到达出射近区场的位置半径为 r，且考虑到喇叭馈源出射场的对称性，可以先考虑喇叭馈源出射张角 θ 和相对应出射半径 r 的关系，即当波束以张角 θ 从喇叭馈源出射时，最终将到达出射场上半径为 r 的位置。从能量分布角度看，喇叭馈源张角 θ 内的所有波束能量，经反射镜聚焦变换后，将重新分布于出射场半径为 r 的圈内，根据 θ 和 r 的关系，可以列出下面的等式[4,5]：

$$\frac{P(r)}{P(r_m)} = \frac{p(\theta)}{p(\theta_m)}$$

$$P(r) = \int_0^r |E(r)|^2 \cdot 2\pi r \cdot \mathrm{d}r \tag{4-6}$$

$$p(r) = \int_0^\theta |G(\theta)|^2 \cdot 2\pi \sin\theta \cdot \mathrm{d}\theta$$

式 (4-6) 的物理意义是, 由于理想的能量守恒状态是从喇叭馈源出射的波束能量全部分布在出射场 $p(\theta_m) = P(r_m)$, 且馈源张角 θ 内的能量将重新分配于出射场半径 r 内 $p(\theta) = P(r)$, 则馈源张角 θ 内能量占喇叭馈源总能量的比例, 与出射场半径 r 内能量占出射场总能量的比例相等。则由式 (4-6) 可以求出 θ 和 r 的对应关系 $r = f(\theta)$。

如此, 从喇叭馈源以张角 θ、方位角 φ 出射的波束 (θ, φ) 到达出射场的位置可由映射函数 $(x, y) = F(\theta, \varphi)$ 求得, 如式 (4-7):

$$F(\theta, \varphi) = \begin{cases} x = f(\theta)\cos\varphi \\ y = f(\theta)\sin\varphi \end{cases} \tag{4-7}$$

2. 三反射镜 CATR 设计

动态波束跟踪法把馈源波束划分为多束子波束, 如图 4-9 所示, 其中的 SR 是指副反射镜, 这里使用的是一个球面主反射镜和两个赋形副反射镜。赋形反射镜是指镜面是由镜面上逐个采样点数值定义的, 并不能简单地把反射面定义为球面、抛物面等常见的曲面。设计两个副反射镜是三反射镜 CATR 的难点, 也是创新点。图 4-9 中把子波束的传播分为四部分, 即图中的 one、two、three、four, 依次称为第一、第二、第三和第四传播段。通过跟踪子波束的两个相互垂直的波带, 分别得到波束在各传播段相对应的波阵面参量, 进而根据 Deschamps[6] 提出的入射、出射波束与反射面的关系式求出镜面参数, 如图 4-10 所示。

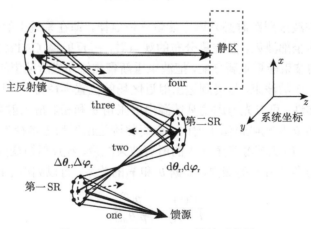

图 4-9　三反射镜 CATR 设计示意图

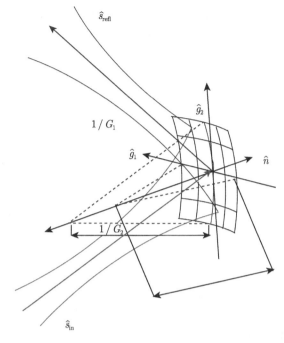

图 4-10 镜面和入射、反射波束关系图

图 4-10 中给出了镜面的描述。与波阵面曲面同理，镜面由 5 个参数定义，分别是单位法向向量 $\hat{n}$，镜面曲面的两个相互垂直的主曲率向量 $\hat{g}_1, \hat{g}_2$ 和相对应的曲率 G_1, G_2。入射、出射波束与镜面参数的关系式，Kouyoumjian 和 Pathak[7] 作出了进一步的化简，得到如下矩阵式：

$$
\begin{aligned}
&\boldsymbol{Q}_{\mathrm{refl}} = \boldsymbol{Q}_{\mathrm{in}} - 2\cos\theta_{\mathrm{in}}(\boldsymbol{\Theta}^{-1})^{\mathrm{T}}\boldsymbol{P}\boldsymbol{\Theta}^{-1} \\
&\boldsymbol{Q}_{\mathrm{in}} = \begin{bmatrix} C_{\mathrm{in}1} & 0 \\ 0 & C_{\mathrm{in}2} \end{bmatrix}, \quad \boldsymbol{Q}_{\mathrm{refl}} = \begin{bmatrix} C_{\mathrm{refl}1} & 0 \\ 0 & C_{\mathrm{refl}2} \end{bmatrix} \\
&\boldsymbol{P} = \begin{bmatrix} G_1 & 0 \\ 0 & G_2 \end{bmatrix} \\
&\boldsymbol{\Theta} = \begin{bmatrix} \hat{c}_{\mathrm{in}1}\hat{g}_1 & \hat{c}_{\mathrm{in}1}\hat{g}_2 \\ \hat{c}_{\mathrm{in}2}\hat{g}_1 & \hat{c}_{\mathrm{in}2}\hat{g}_2 \end{bmatrix}
\end{aligned}
\tag{4-8}
$$

其中，$\boldsymbol{Q}_{\mathrm{in}}, \boldsymbol{Q}_{\mathrm{refl}}$ 分别为入射波束和反射波束的曲率矩阵；$\boldsymbol{P}$ 为镜面的曲率矩阵；$\boldsymbol{\Theta}$ 为反射矩阵。通过式 (4-8)，若已知任意两项参数，可以求出剩下的一项参数。

下面给出三反射镜 CATR 设计过程，其简略流程如图 4-11 所示。

在三反射镜 CATR 设计中，一般设置一个对称面，即立体的 CATR 系统是关于该平面镜面对称的，则在设计时，可以只设计一半镜面，另一半镜面可以运用几何原理镜面对称得到。这里选取的是馈源相位中心和各镜面光心所在的平面即 xOz 平面作为对称面,并把系统最终出射方向定为 $\hat{z}$ 方向。

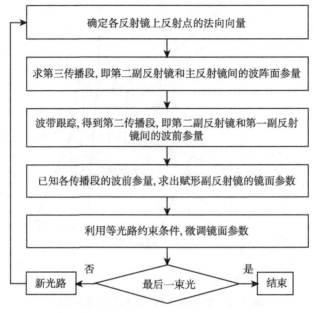

图 4-11　三反射镜 CATR 设计流程图

　　第一步:确定各反射点的法向向量。

　　首先需要确定所跟踪子波束在各反射镜上反射点的法向向量。在第一次进入循环设计三反射镜 CATR 时,各反射镜光心是所分析的反射点。各反射镜光心是由设计者自由确定的。如果不是第一次进入循环,各反射点的位置将在最后一步由新的子光路确定。假设各反射点的位置已知,依次分别为 r_{sub1}、r_{sub2}、r_{main},馈源的相位中心位置为 r_{feed} 是恒定的,则各反射点的法向向量为

$$
\begin{cases}
\hat{n}_{\mathrm{sub1}} = \dfrac{\hat{s}_2 - \hat{s}_1}{|\hat{s}_2 - \hat{s}_1|}, \hat{n}_{\mathrm{sub2}} = \dfrac{\hat{s}_3 - \hat{s}_2}{|\hat{s}_3 - \hat{s}_2|}, \hat{n}_{\mathrm{main}} = \dfrac{\hat{s}_4 - \hat{s}_3}{|\hat{s}_4 - \hat{s}_3|} \\[3mm]
\hat{s}_1 = \dfrac{r_{\mathrm{sub1}} - r_{\mathrm{feed}}}{|r_{\mathrm{sub1}} - r_{\mathrm{feed}}|}, \hat{s}_2 = \dfrac{r_{\mathrm{sub2}} - r_{\mathrm{sub1}}}{|r_{\mathrm{sub2}} - r_{\mathrm{sub1}}|}, \hat{s}_3 = \dfrac{r_{\mathrm{main}} - r_{\mathrm{sub2}}}{|r_{\mathrm{main}} - r_{\mathrm{sub2}}|}
\end{cases}
\tag{4-9}
$$

在式 (4-9) 中,各传播段传播单位向量 $\hat{s}_1, \hat{s}_2, \hat{s}_3$ 可分别由各反射镜反射点的位置向量求出,而第四传播段的传播向量 $\hat{s}_4$ 则是由设计者确定的。如图 4-8 所示,由于期望出射的电磁波是平面波形式,所以期望的出射场传播单位向量恒定平行于 z 轴,即 $\hat{s}_4 = [0, 0, 1]$。

　　第二步:求第三传播段的波阵面参量。

　　设计中使用的是球面主反射镜,镜面参数是可以通过几何公式求出的,第四传

播段中的波阵面参量是由设计者设定的。通过式 (4-8)，已知其中的出射波束参数和镜面参数，则可以求出入射波束参数。根据几何光束的传播可逆性，可对式 (4-8) 作出以下修改：

$$\begin{cases} \boldsymbol{Q}_{\mathrm{thr}} = \boldsymbol{Q}_{\mathrm{four}} - 2\cos\theta_{\mathrm{in}}(\boldsymbol{\Theta}^{-1})^{\mathrm{T}}\boldsymbol{P}\boldsymbol{\Theta}^{-1} \\[2mm] Q_{\mathrm{four}} = \begin{bmatrix} C_{\mathrm{four1}} & 0 \\ 0 & C_{\mathrm{four2}} \end{bmatrix} \\[4mm] \boldsymbol{P} = \begin{bmatrix} G_{\mathrm{main1}} & 0 \\ 0 & G_{\mathrm{main2}} \end{bmatrix} \\[4mm] \boldsymbol{\Theta} = \begin{bmatrix} \hat{c}_{\mathrm{four1}}\hat{g}_{\mathrm{main1}} & \hat{c}_{\mathrm{four1}}\hat{g}_{\mathrm{main2}} \\ \hat{c}_{\mathrm{four2}}\hat{g}_{\mathrm{main1}} & \hat{c}_{\mathrm{four2}}\hat{g}_{\mathrm{main2}} \end{bmatrix} \end{cases} \tag{4-10}$$

其中，下标为 four 的参数表示第四传播段起始位置的波束参数；下标为 main 的参数表示球面主反射镜上的镜面参数。式 (4-10) 的物理含义是，把出射波束逆向传播至主反射镜，经反射镜反射后波束的波阵面参量与原系统中入射波束的波阵面参量相同，这里运用的是几何光学中射线跟踪的可逆原理。需要注意的是，所期望的第四传播段电磁波为平面波，因此两个主曲率都等于 0，主曲率向量为

$$\begin{cases} \hat{c}_{\mathrm{four1}} = (\hat{y} \times \hat{s}_{\mathrm{four}})/|\hat{y} \times \hat{s}_{\mathrm{four}}| \\[2mm] \hat{c}_{\mathrm{four2}} = \hat{s}_{\mathrm{four}} \times \hat{c}_{\mathrm{four1}} \end{cases} \tag{4-11}$$

第三传播段曲率矩阵的两个本征值是所求主曲率，而相对应的主曲率向量则通过本征矩阵 $\boldsymbol{V}$ 求得：

$$\begin{cases} \hat{c}_{\mathrm{three1}} = \boldsymbol{V}(1,1)\hat{k}_1 + \boldsymbol{V}(2,1)\hat{k}_2 \\[2mm] \hat{c}_{\mathrm{three2}} = \boldsymbol{V}(1,2)\hat{k}_1 + \boldsymbol{V}(2,2)\hat{k}_2 \\[2mm] \hat{k}_{1(2)} = \hat{c}_{\mathrm{four1(2)}} - 2(\hat{c}_{\mathrm{four1(2)}} \cdot \hat{n}_{\mathrm{main}})\hat{n}_{\mathrm{main}} \end{cases} \tag{4-12}$$

式 (4-12) 求出的是处于第三传播段末端，即入射球面主反射镜前的波阵面参数，若需要得到第三传播段其他位置的波阵面曲率，可运用式 (4-1) 求出。

第三步：波带跟踪，求第二传播段的波阵面参量。

在求两个赋形副反射镜的镜面参数前，需先求出各传播段的波束参量。现在已经得到了第三、第四传播段的波束参量，而第一传播段是从喇叭馈源出射的，可视为球面波，则还需要求出剩下的第二传播段波阵面参量。这里采用动态波束跟踪法对波带分别进行正向和逆向追踪，得到同一个波带在第二传播段起始端和末端两个位置的不同形态，从而利用波带与波阵面参量的关系求出第二传播段的波束参数。

首先，对两个从喇叭馈源出射的正交波带进行追踪：

$$\Delta\boldsymbol{\theta}_{\mathrm{one}} = s_{\mathrm{one}}\Delta\theta\hat{\theta}, \quad \Delta\boldsymbol{\varphi}_{\mathrm{one}} = s_{\mathrm{one}}\Delta\varphi\sin\theta\hat{\varphi} \tag{4-13}$$

所有参数的下标表示了参数所处的传播段。其中，标量 s_{one} 表示所跟踪的波束在第一传播段的路径长度。式 (4-13) 中的 $\hat{\theta}, \hat{\varphi}$ 是以馈源中心波束出射方向为 z 轴的局域球坐标的坐标向量。$\Delta\theta, \Delta\varphi$ 是两个波带在局域球坐标内的张角，对设计结果没有影响，因为在后面的计算中会被消去。两个波带经第一副反射镜反射后，运用式 (4-3) 得到相对应的新形态，设为 $\Delta\theta_{\text{two}}, \Delta\varphi_{\text{two}}$。

　　其次，利用映射函数求出两个波带相对应在第四传播段出射场的最终状态：

$$\mathrm{d}\boldsymbol{\theta}_{\text{four}} = \left(\frac{\partial x}{\partial\theta}\hat{x} + \frac{\partial y}{\partial\theta}\hat{y}\right)\Delta\theta, \quad \mathrm{d}\boldsymbol{\varphi}_{\text{four}} = \left(\frac{\partial x}{\partial\varphi}\hat{x} + \frac{\partial y}{\partial\varphi}\hat{y}\right)\Delta\varphi \tag{4-14}$$

其中的偏微分可从映射函数中求得：

$$\begin{cases} \dfrac{\partial x}{\partial\theta} = \dfrac{\partial f(\theta)}{\partial\theta}\cos\varphi, & \dfrac{\partial x}{\partial\varphi} = -f(\theta)\sin\varphi \\[2mm] \dfrac{\partial y}{\partial\theta} = \dfrac{\partial f(\theta)}{\partial\theta}\sin\varphi, & \dfrac{\partial y}{\partial\varphi} = f(\theta)\cos\varphi \end{cases} \tag{4-15}$$

其中

$$\frac{\partial f(\theta)}{\partial\theta} = \frac{|G(\theta)|^2\sin\theta}{|E(r)|^2\,r}\frac{P(r_m)}{p(\theta_m)} \tag{4-16}$$

在馈源中心波束，即 $\theta = 0$ 的情况下，可用式 (4-17) 替代式 (4-16)：

$$\left(\frac{\partial f(\theta)}{\partial\theta}\right)_{\theta=0} = \sqrt{\frac{|G(0)|^2\,P(r_m)}{|E(0)|^2\,p(\theta_m)}} \tag{4-17}$$

而当追踪中心波束时，使用式 (4-18) 作为波带初始形态和在第四传播段的形态：

$$\begin{cases} \Delta\boldsymbol{\theta}_{\text{one}} = s_{\text{one}}\Delta\theta\hat{x}_{\text{f}}, & \Delta\boldsymbol{\varphi}_{\text{one}} = s_{\text{one}}\Delta\theta\hat{y}_{\text{f}} \\[2mm] \mathrm{d}\boldsymbol{\theta}_{\text{four}} = \dfrac{\partial f(\theta)}{\partial\theta}\Delta\theta\hat{x}, & \mathrm{d}\boldsymbol{\varphi}_{\text{four}} = \dfrac{\partial f(\theta)}{\partial\theta}\Delta\theta\hat{y} \end{cases} \tag{4-18}$$

其中，$\hat{x}_{\text{f}}, \hat{y}_{\text{f}}$ 为以喇叭馈源中心波束方向为 $\hat{z}_{\text{f}}$ 的局域坐标系，$\hat{y}_{\text{f}}$ 取值与全局坐标系的 $\hat{y}$ 同向或者反向，这取决于所期望的三反射镜 CATR 配置。

　　已知主反射镜、第二副反射镜的法向向量以及两个反射镜之间传播段的波束参数，则可以运用式 (4-2) 和式 (4-3) 对两个波带 $\mathrm{d}\boldsymbol{\theta}_{\text{four}}, \mathrm{d}\boldsymbol{\varphi}_{\text{four}}$ 沿着光路逆向追踪，最终得到第二传播段末端的波带形态 $\mathrm{d}\boldsymbol{\theta}_{\text{two}}, \mathrm{d}\boldsymbol{\varphi}_{\text{two}}$。

　　现已得到同一波带在第二传播段传播前后的形态 $\Delta\boldsymbol{\theta}_{\text{two}}, \Delta\boldsymbol{\varphi}_{\text{two}}$ 和 $\mathrm{d}\boldsymbol{\theta}_{\text{two}}$，$\mathrm{d}\boldsymbol{\varphi}_{\text{two}}$，它们是满足波带传播公式 (4-2) 的，即

$$\begin{cases} \mathrm{d}\boldsymbol{\theta}_{\text{two}} = (s_{\text{two}}C_{\text{two1}} + 1)(\Delta\boldsymbol{\theta}_{\text{two}}\cdot\hat{c}_{\text{two1}})\hat{c}_{\text{two1}} + (s_{\text{two}}C_{\text{two2}} + 1)(\Delta\boldsymbol{\theta}_{\text{two}}\cdot\hat{c}_{\text{two2}})\hat{c}_{\text{two2}} \\[2mm] \mathrm{d}\boldsymbol{\varphi}_{\text{two}} = (s_{\text{two}}C_{\text{two1}} + 1)(\Delta\boldsymbol{\varphi}_{\text{two}}\cdot\hat{c}_{\text{two1}})\hat{c}_{\text{two1}} + (s_{\text{two}}C_{\text{two2}} + 1)(\Delta\boldsymbol{\varphi}_{\text{two}}\cdot\hat{c}_{\text{two2}})\hat{c}_{\text{two2}} \end{cases}$$
$$\tag{4-19}$$

其中，$s_{\text{two}} = |r_{\text{sub2}} - r_{\text{sub1}}|$ 是第一副反射镜和第二副反射镜之间的光程长度。则通过解向量等式 (4-19) 可以求出第二传播段起始端的波束参数 $\hat{c}_{\text{two1}}, \hat{c}_{\text{two2}}, C_{\text{two1}}, C_{\text{two2}}$。在运算时，可通过以下方式化简[4]。

首先采用局域相对坐标系

$$\begin{cases} \hat{a}_1 = (\hat{y} \times \hat{s}_{\text{two}})/|\hat{y} \times \hat{s}_{\text{two}}| \\ \hat{a}_2 = \hat{s}_{\text{two}} \times \hat{a}_1 \end{cases} \tag{4-20}$$

假设波阵面的主曲率向量与相对坐标系夹角为 ϕ，即

$$\begin{cases} \hat{c}_{\text{two1}} = \cos\phi\,\hat{a}_1 + \sin\phi\,\hat{a}_2 \\ \hat{c}_{\text{two2}} = -\sin\phi\,\hat{a}_1 + \cos\phi\,\hat{a}_2 \end{cases} \tag{4-21}$$

引入辅助变量

$$\begin{cases} u_1 = s_{\text{two}}C_m, u_2 = s_{\text{two}}C_d\cos(2\phi), \quad u_3 = u_2 = s_{\text{two}}C_d\sin(2\phi) \\ C_m = (C_{\text{two1}} + C_{\text{two2}})/2, \quad C_d = (C_{\text{two1}} - C_{\text{two2}})/2 \end{cases} \tag{4-22}$$

则式 (4-19) 可化简为

$$\begin{bmatrix} \theta_1 & \theta_1 & \theta_2 \\ \theta_2 & -\theta_2 & \theta_1 \\ \varphi_1 & \varphi_1 & \varphi_2 \\ \varphi_2 & -\varphi_2 & \varphi_1 \end{bmatrix} \begin{bmatrix} u_1 \\ u_2 \\ u_3 \end{bmatrix} = \begin{bmatrix} \theta_{m1} - \theta_1 \\ \theta_{m2} - \theta_2 \\ \varphi_{m1} - \varphi_1 \\ \varphi_{m2} - \varphi_2 \end{bmatrix}$$

$$\theta_1 = \Delta\boldsymbol{\theta}_{\text{two}} \cdot \hat{a}_1, \quad \theta_2 = \Delta\boldsymbol{\theta}_{\text{two}} \cdot \hat{a}_2, \quad \varphi_1 = \Delta\boldsymbol{\varphi}_{\text{two}} \cdot \hat{a}_1, \quad \varphi_2 = \Delta\boldsymbol{\varphi}_{\text{two}} \cdot \hat{a}_2$$

$$\theta_{m1} = \mathrm{d}\boldsymbol{\theta}_{\text{two}} \cdot \hat{a}_1, \quad \theta_{m2} = \mathrm{d}\boldsymbol{\theta}_{\text{two}} \cdot \hat{a}_2, \quad \varphi_{m1} = \mathrm{d}\boldsymbol{\varphi}_{\text{two}} \cdot \hat{a}_1, \quad \varphi_{m2} = \mathrm{d}\boldsymbol{\varphi}_{\text{two}} \cdot \hat{a}_2 \tag{4-23}$$

第四步：求赋形副反射镜的镜面参数。

在前面步骤中已经得到所有传播段上的波阵面参量，通过波束参数和镜面参数的关系式 (4-8) 可以求出赋形反射镜的镜面参数。用第一传播段和第二传播段的波束参数求出第一赋形副反射镜的镜面参数，同理用第二传播段和第三传播段的波束参数求出第二赋形副反射镜的镜面参数。需要注意的是，必须采用波束在入射或出射反射镜的位置上的波束参数，如果是其他位置上的，需要先使用式 (4-1) 对其变换到反射镜的位置。例如，在第二步中求出的波束参数是在第三传播段的末端，即主反射镜的入射端，当需要运用波束参数计算第二赋形副反射镜的镜面参数时，需要先使用式 (4-1) 得到第二赋形副反射镜出射端的位置，在这一过程中，波束参数中的主曲率向量和传播方向向量是不变的，只需要改变主曲率。

以第一赋形副反射镜为例，在第三步中已经求出第一赋形副反射镜出射端，即第二传播段起始端的波束参数，该反射镜的入射端波束参数是从馈源发射出的，一

般把馈源的出射电磁波认为是球面波，则

$$\begin{cases} C_{\text{one}1} = C_{\text{one}2} = 1/s_{\text{one}} \\ \hat{c}_{\text{one}1} = (\hat{y} \times \hat{s}_{\text{one}})/|\hat{y} \times \hat{s}_{\text{one}}| \\ \hat{c}_{\text{one}2} = \hat{s}_{\text{one}} \times \hat{c}_{\text{one}1} \end{cases} \tag{4-24}$$

把入射和出射的波束参数代入式 (4-8)，即可求出赋形反射面上反射点的镜面参数。但矩阵式 (4-8) 的形式不适合已知入射、出射波束求镜面参数的情形，Kildal[4] 对这种情形下的矩阵式作出数学转换和化简，过程如下：

首先采用局域坐标系

$$\begin{cases} \hat{b}_1 = (\hat{y} \times \hat{n}_{\text{sub}1})/|\hat{y} \times \hat{n}_{\text{sub}1}| \\ \hat{b}_2 = \hat{n}_{\text{sub}1} \times \hat{b}_1 \end{cases} \tag{4-25}$$

假设波阵面的主曲率向量与相对坐标系夹角为 $\phi_{\text{sub}1}$，则

$$\begin{cases} \hat{g}_{\text{sub}1\text{-}1} = \cos \phi_{\text{sub}1} \hat{b}_1 + \sin \phi_{\text{sub}1} \hat{b}_2 \\ \hat{g}_{\text{sub}1\text{-}2} = -\sin \phi_{\text{sub}1} \hat{b}_1 + \cos \phi_{\text{sub}1} \hat{b}_2 \end{cases} \tag{4-26}$$

并引入辅助变量

$$\begin{cases} \hat{q}_1 = \hat{c}_{\text{one}1} - 2(\hat{n}_{\text{sub}} \cdot \hat{c}_{\text{one}1})\hat{n}_{\text{sub}}, \quad \hat{q}_2 = \hat{c}_{\text{one}2} - 2(\hat{n}_{\text{sub}} \cdot \hat{c}_{\text{one}2})\hat{n}_{\text{sub}} \\ C_{m\text{-one}} = (C_{\text{one}1} + C_{\text{one}2})/2, \quad C_{d\text{-one}} = (C_{\text{one}1} - C_{\text{one}2})/2 \\ C_{m\text{-two}} = (C_{\text{two}1} + C_{\text{two}2})/2, \quad C_{d\text{-two}} = (C_{\text{two}1} - C_{\text{two}2})/2 \\ G_{m\text{-sub}1} = (G_{\text{sub}1\text{-}1} + G_{\text{sub}1\text{-}2})/2, \quad G_{d\text{-sub}1} = (G_{\text{sub}1\text{-}1} - G_{\text{sub}1\text{-}2})/2 \end{cases} \tag{4-27}$$

则矩阵等式化简为

$$\begin{bmatrix} C_{m\text{-two}} \\ C_{d\text{-two}} \cos(2\theta) \\ C_{d\text{-two}} \sin(2\theta) \end{bmatrix} = \begin{bmatrix} C_{m\text{-one}} \\ C_{d\text{-one}} \\ 0 \end{bmatrix} + \begin{bmatrix} A & B & C \\ D & E & F \\ G & H & I \end{bmatrix} \begin{bmatrix} v_1 \\ v_2 \\ v_3 \end{bmatrix} \tag{4-28}$$

其中，θ 为波束入射角，其余辅助变量如下：

$$\begin{cases} a = \hat{c}_{\text{one}1} \cdot \hat{b}_1, \quad b = \hat{c}_{\text{one}1} \cdot \hat{b}_2, \quad c = \hat{c}_{\text{one}2} \cdot \hat{b}_1, \quad d = \hat{c}_{\text{one}2} \cdot \hat{b}_2 \\ v_1 = G_{m\text{-sub}1} \cos \theta/(ad - bc)^2 \\ v_1 = G_{d\text{-sub}1} \cos(2\phi_{\text{sub}1}) \cos \theta/(ad - bc)^2 \\ v_1 = G_{d\text{-sub}1} \cos(2\phi_{\text{sub}1}) \cos \theta/(ad - bc)^2 \\ A = a^2 + b^2 + c^2 + d^2, \quad B = -a^2 + b^2 - c^2 + d^2, \quad C = -2(ab - cd) \\ D = -a^2 - b^2 + c^2 + d^2, \quad E = a^2 - b^2 - c^2 + d^2, \quad F = 2(ab - cd) \\ G = -2(ac + bd), \quad H = -2(bd - ac), \quad I = 2(ad + bc) \end{cases} \tag{4-29}$$

通过式 (4-25)~ 式 (4-29) 可求出第一赋形副反射镜上反射点的镜面参数。同理可使用以上化简的公式计算出第二赋形副反射镜上反射点的镜面参数。需要提醒的是，在之前第二步和第三步中，求出的都不是第二副反射镜前入射、出射的波阵面参量，因此需要先运用式 (4-1) 变换曲率，才能进一步计算第二赋形副反射镜上的镜面参数。

第五步：判断等光程条件。

理想的 CATR 中，所有的光路应该是等长的，这样才能满足期望的平面波要求，但在设计过程中，由于采用了近似计算的方法，不可避免地引入了误差，即在跟踪每个光路波束时，得到光路并不完全是等长的，因此需要作出一定的调整。文献 [4] 中对误差的补偿方法是直接修改反射点的位置，即比较光程长度与标准长度的大小，根据比较结果，沿着光轴位置向前或向后移动设计点的位置。但该类补偿方法会极大地影响下面第六步中的外推反射点，根据该光路补偿方法得到的紧缩场，仿真结果不是很好，因此这里没采用该方法。

第六步：得到下一光路。

判断是否已经设计完整个系统，如果是最后一个光路，则退出循环。如果不是最后一个光路，则需要得到新光路上反射点的位置，进而重复循环前面的步骤计算新波阵面参量、设计新反射点镜面参数。

设计的过程是从镜面光心往反射镜边缘递推的，通过已知反射点的双抛物展开面往镜子边缘延伸。采用该展开方法的原因在于，只要新的反射点与已知反射点的距离选取得足够小，则计算误差可以控制在很小的范围内。在已知计算新光路的反射点位置时，采用新射线与曲面相交的方法求出新反射点位置的方法。如图 4-12 所示。

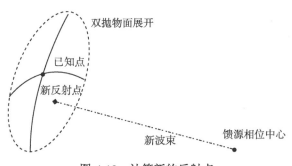

图 4-12 计算新的反射点

以第一赋形副反射镜为例，首先从喇叭馈源出射一束新波束，具有新的出射方向，假设最终反射点的位置为 r_{new}，则

$$r_{new} = r_{feed} + s_{one}\hat{s}_{one} \tag{4-30}$$

其中，$s_{\text{one}}, \hat{s}_{\text{one}}$ 分别为新反射点到馈源的距离和新的波束传播向量，新的传播向量由设计者设定，是已知的参数。而新的反射点在已知点双抛物展开面上的位置为

$$\boldsymbol{r}_{\text{new}}(x,y) = \boldsymbol{r}_{\text{known}} + x\hat{g}_{\text{sub1-1}} + y\hat{g}_{\text{sub1-2}} - \frac{1}{2}\left(x^2 G_{\text{sub1-1}} + y^2 G_{\text{sub1-2}}\right)\hat{n}_{\text{sub1}} \quad (4\text{-}31)$$

其中，$\hat{n}_{\text{sub1}}, \hat{g}_{\text{sub1-1}}, \hat{g}_{\text{sub1-2}}, G_{\text{sub1-1}}, G_{\text{sub1-2}}$ 为已知点上的波束参数；x, y 为两个相互独立的未知变量。联合式 (4-30) 和式 (4-31)，求出其中的未知量 s_{one}, x, y，则可以求出新的反射点位置。在实际设计中，待求的新反射点可能有几个邻近的已知点，此时选取与新反射点位置最近的点，即取 $|\boldsymbol{r}_{\text{known}} - \boldsymbol{r}_{\text{new}}|$ 最小的邻近已知点。

同理可以求出第二赋形副反射镜上新反射点的位置。先通过映射函数，求出新波束在出射场的位置。然后逆向跟踪波束，利用几何原理求出球面主反射镜的镜面参数，经主反射镜反射后继续逆向跟踪，采用新波束和双抛物展开面相交的原理求出第二赋形副反射镜上新反射点的位置。

至此，已完成一个光路的设计过程，然后进入循环，由镜面光心向边缘延展设计，直至设计出整个系统。

3. 修改映射函数

在第三步求波阵面参量中，式 (4-23) 中的矩阵维数并不相等，该等式除了在对称面上的波束，其他波束是没有唯一解的。Kildal[4] 对映射函数作出了修改，引入了一个方位角变量，使得在波阵面参量的计算等式中，矩阵的维数相等。

$$F(\theta,\varphi) = \begin{cases} x = f(\theta)\cos\left[\varphi + t(\theta,\varphi)\right] \\ y = f(\theta)\sin\left[\varphi + t(\theta,\varphi)\right] \end{cases} \quad (4\text{-}32)$$

则式 (4-14) 变为

$$\begin{cases} \mathrm{d}\boldsymbol{\theta}_{\text{four}} = \left(\dfrac{\partial x}{\partial \theta}\hat{x} + \dfrac{\partial y}{\partial \theta}\hat{y}\right)\Delta\theta \\ \qquad = \Delta\theta\left[\cos(\varphi+t)\dfrac{\partial f}{\partial \theta} - f\sin(\phi+t)\dfrac{\partial t}{\partial \theta}\right]\hat{x} \\ \qquad + \Delta\theta\left[\sin(\varphi+t)\dfrac{\partial f}{\partial \theta} + f\cos(\varphi+t)\dfrac{\partial t}{\partial \theta}\right]\hat{y} \\ \mathrm{d}\boldsymbol{\varphi}_{\text{four}} = \left(\dfrac{\partial x}{\partial \varphi}\hat{x} + \dfrac{\partial y}{\partial \varphi}\hat{y}\right)\Delta\varphi \\ \qquad = -\Delta\varphi f\sin(\varphi+t)\left(1 + \dfrac{\partial t}{\partial \varphi}\right)\hat{x} + \Delta\varphi f\cos(\varphi+t)\left(1 + \dfrac{\partial t}{\partial \varphi}\right)\hat{y} \end{cases} \quad (4\text{-}33)$$

进一步得到两个波带之间的关系为

$$\mathrm{d}\boldsymbol{\theta}_{\text{four}} = \mathrm{d}\boldsymbol{\theta}' + \mathrm{d}\boldsymbol{\varphi}\frac{\Delta\theta}{\Delta\varphi}\left[\frac{\partial t}{\partial \theta}\Big/\left(1 + \frac{\partial t}{\partial \varphi}\right)\right] \quad (4\text{-}34)$$

其中，$\mathrm{d}\boldsymbol{\theta}'$ 是当 $\partial t/\partial\theta = 0$ 时的波带状态。使用新的波带进行逆向追踪，在第三步中，把 $\partial t/\partial\theta$ 作为一个新的未知量，则式 (4-23) 可变换为

$$
\begin{bmatrix}
\theta_1 & \theta_1 & \theta_2 & -\varphi'_{m1} \\
\theta_2 & -\theta_2 & \theta_1 & -\varphi'_{m2} \\
\varphi_1 & \varphi_1 & \varphi_2 & 0 \\
\varphi_2 & -\varphi_2 & \varphi_1 & 0
\end{bmatrix}
\begin{bmatrix}
u_1 \\
u_2 \\
u_3 \\
\partial t/\partial\theta
\end{bmatrix}
=
\begin{bmatrix}
\theta'_{m1} - \theta_1 \\
\theta'_{m2} - \theta_2 \\
\varphi_{m1} - \varphi_1 \\
\varphi_{m2} - \varphi_2
\end{bmatrix}
\tag{4-35}
$$

其他参数都与第三步的一样，除了

$$
\varphi'_{m1} = \varphi_{m1}\frac{\Delta\theta}{\Delta\varphi}\Big/\left(1 + \frac{\partial t}{\partial\varphi}\right), \quad \varphi'_{m2} = \varphi_{m2}\frac{\Delta\theta}{\Delta\varphi}\Big/\left(1 + \frac{\partial t}{\partial\varphi}\right)
$$

$$
\theta'_{m1} = \mathrm{d}\boldsymbol{\theta}'_{\mathrm{two}} \cdot \hat{a}_1, \quad \theta'_{m2} = \mathrm{d}\boldsymbol{\theta}'_{\mathrm{two}} \cdot \hat{a}_2
$$

其中，$\mathrm{d}\boldsymbol{\theta}'_{\mathrm{two}}$ 是将 $\mathrm{d}\boldsymbol{\theta}'$ 逆向追踪至第二传播段末端的波带形态。

修改映射函数能使等式 (4-35) 有唯一解，但同时也引入了其他的未知量，如映射函数中的 $t(\theta,\varphi)$、式 (4-35) 中的 $\partial t/\partial\varphi$ 等。现在考虑在同一个 θ 圈的 $t(\theta,\varphi)$。在波束跟踪时，这里是把馈源按照局域坐标系的 (θ,φ) 划分，在一个 θ 圈上会跟踪多束不同 φ 的子波束，如图 4-13 所示。

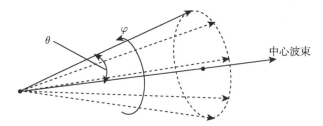

图 4-13　按 (θ,φ) 划分子波束

在同一个 θ 圈上，可把 $t(\theta,\varphi)$ 分解为如下的傅里叶序列：

$$
t(\theta,\varphi) = \sum_{i=1}^{I} w_i(\theta)\sin(i\varphi)
\tag{4-36}
$$

$$
\frac{\partial t}{\partial\theta} = \sum_{i=1}^{I} w'_i(\theta)\sin(i\varphi)
\tag{4-37}
$$

$$
\frac{\partial t}{\partial\varphi} = \sum_{i=1}^{I} w_i(\theta)i\cos(i\varphi)
\tag{4-38}
$$

其中，I 表示在半个 θ 圈上不在对称面上的不同方向角 φ 的子波束的总数量；$w_i(\theta)$ 是只与 θ 有关的傅里叶系数；$w'_i(\theta) = \mathrm{d}w_i(\theta)/\mathrm{d}\theta$。本节中解决各未知量的过程如下。

　　如图 4-13 所示，在一个 θ 圈上需要跟踪不同方向角 $\varphi(n)$ 的子波束，每束子波束分别用 $n = 1, 2, 3, \cdots$ 来标记，则假设已知 $\partial t / \partial \varphi$ 的情况下，每次波束跟踪时使用式 (4-35) 都得到一个 $\partial t / \partial \theta$，标记为 $[\partial t / \partial \theta]_n$，则式 (4-37) 可以表示为

$$\left[\frac{\partial t}{\partial \theta} \right]_n = \sum_{i=1}^{I} w_i'(\theta) \sin(i\varphi(n)) \tag{4-39}$$

经过离散傅里叶变换的运算法则，可以得出以下解：

$$w_i'(\theta) = \frac{2}{I+1} \sum_{n=2}^{I+1} \left[\frac{\partial t}{\partial \theta} \right]_n \sin(i\varphi(n)) \tag{4-40}$$

　　在实际的设计过程运用修改后映射函数的方法如下，首先按照 4.2.2 节第 2 小节的步骤追踪中心子波束并求出各反射镜光心镜面参数，因为光心是出于对称面上，所以式 (4-23) 可以得到唯一解，中心波束 $\theta = 0$，只有一束。改变子波束的出射方向 θ，假设在此 θ 圈上共划分了 $I + 2$ 个子波束，则除了 $\varphi = 0, \varphi = 180°$ 两个子波束外，其他 I 个子波束都不在对称面，每个子波束用 $n = 1, 2, 3, \cdots$ 来标记，需要使用修改后的映射函数进行设计。

　　在跟踪这 I 个子波束时，先假设 $\partial t / \partial \varphi = 0$，代入式 (4-35) 求出并保存各个子波束的 $[\partial t / \partial \theta]_n$。求出该 θ 圈的非对称面上的所有波束的偏微分后，则开始修改映射函数。

　　把 $[\partial t / \partial \theta]_n$ 代入式 (4-40) 求出傅里叶系数的导数 $w_i'(\theta)$。经过 Kildal 的试验发现，在中心子波束邻近，即 θ 很小的波束，其傅里叶系数 $w_i(\theta)$ 与 θ 存在着二次方的关系，即

$$w_i(\theta) = \theta w_i'(\theta) / 2 \tag{4-41}$$

　　通过代入傅里叶系数的导数可求出展开傅里叶系数。在本 θ 圈重新使用第四步，利用式 (4-38) 并代入式 (4-35)，求出该波阵面参量的唯一解和非对称面上的所有 $[\partial t / \partial \theta]_n$。把得到的对 θ 的偏微分 $[\partial t / \partial \theta]_n$ 代入式 (4-40)，得到傅里叶系数导数，而新的 θ' 圈上的傅里叶导数可以通过式 (4-42) 求出：

$$w_i(\theta') = w_i(\theta) + w_i'(\theta)(\theta' - \theta) \tag{4-42}$$

求出 θ' 圈的傅里叶系数则可以进一步在新 θ' 圈上求出波阵面参数唯一解，并逐层向放射镜边缘延伸设计。

4.3　小　　结

　　本章介绍了几何光学的动态波束跟踪法，并重点介绍了利用波束追踪法设计

三反射镜 CATR 的过程。CATR 需要运行在很宽的频带，是选择几何光学的一个最大缘由，因为几何光学具有频率无关特性。

设计时，根据喇叭馈源的出射方向把出射波束划分为多束子波束，并按照从中心到边缘的顺序依次跟踪，进而设计出每个波束在各反射镜反射点的镜面参数，即依次设计出各反射镜的光心并往镜子边缘延伸设计。

针对三反射镜 CATR 的设计，引入并使用波阵面参量和波带参量对波束进行描述和追踪，得到各传播段的波阵面参量，进而利用入射、出射波束和反射镜面的关系求出各反射镜镜面参数。其中设计上和数学计算上的难点也分别给出了解决方案，并最终给出一个完整的三反射镜 CATR 设计流程。

参 考 文 献

[1] Parini C G, Philippakis M. Use of quiet zone prediction in the design of compact antenna test ranges. IEE Proc.-Microw. Antennas Propag., 1996: 193-199

[2] Galindo V. Design of dual-reflector antennas with arbitrary phase and amplitude distributions. IEEE Trans. Antennas Propagat., 1964, 12(4):403-408

[3] Descardeci J R, Parini C G. Trireflector compact antenna test range. IEE Proc.-Microw. Antennas Propag., 1997, 144(5):305-310

[4] Kildal P S. Synthesis of multireflector antennas by kinematic and dynamic ray tracing. IEEE Trans. Antennas Propagat., 1990, 38(10):1587-1599

[5] Kildal P S.Laws of geometrical optics mapping in multi-reflector antennas with application to elliptical apertures. Proc. Inst. Elec. Eng., 1989, 6: 445-453

[6] Deschamps G A. Ray techniques in electromagnetic. Proc. IEEE, 1972, 60: 1022-1035

[7] Kouyoumjian R G, Pathak P H. A uniform geometrical theory of diffraction for an edge in a perfectly conducting surface. Proc, IEEE, 1974, 62:1448-1461

第5章 三反射镜紧缩场测量系统设计实例

5.1 三反射镜紧缩场测量系统设计实例

前面介绍了三反射镜紧缩场天线测量系统的优势和设计方法，并对计算中和实际假设中可能遇到的误差进行了分析。同时，还提到了三种方法，以减小出射场静区的扰动。本章将利用前面的内容，分别设计卡塞格林-格雷戈里、双格雷戈里两个紧缩场系统。

5.1.1 卡塞格林-格雷戈里反射形式的紧缩场系统

根据第 4 章的介绍，卡塞格林-格雷戈里紧缩场系统的优点是在相同的设计参数条件下，其静区的扰动比较小。本设计将模拟针对星载辐射计测试，得到可应用于 40 ~ 200GHz 天线测试的紧缩场系统。

图 5-1 是所设计的卡塞格林-格雷戈里反射形式的紧缩场系统，采用了直径约为 1.014m 的球面主反射镜，产生 1m 尺寸的出射场，其中静区的直径是 0.7m，即静区利用率高达 70%。为了减小紧缩场的加工费用，采用了两面约 0.3m 尺寸的赋形副反射镜。在设计时，采用了 600×90 的网格划分，并结合了镜面曲率补偿的方法，使设计时的最大光程误差降低为 5.21μm。设计时，采用了方向图主瓣为高斯模式的喇叭馈源，馈源的 15° 张角波束将照射到第一副反射镜上，具有 −16dB 的下降，即使用了很小的馈源边缘照度，以减小第一副反射镜的边缘衍射波对静区扰动的影响。

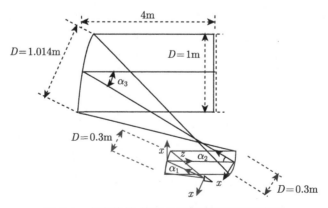

图 5-1 卡塞格林-格雷戈里紧缩场系统示意图

在 40~100GHz 频段，每 20GHz 取一个点，可以得到 40GHz、60GHz、80GHz、100GHz 以及 200GHz 时的仿真结果，如图 5-2~图 5-6 所示。

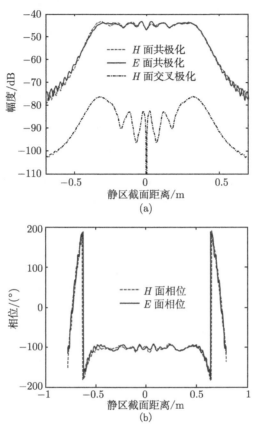

图 5-2　40GHz 时卡塞格林-格雷戈里静区性能

(a) 幅度; (b) 相位

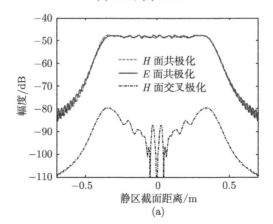

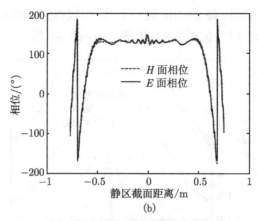

图 5-3 60GHz 时卡塞格林-格雷戈里静区性能

(a) 幅度; (b) 相位

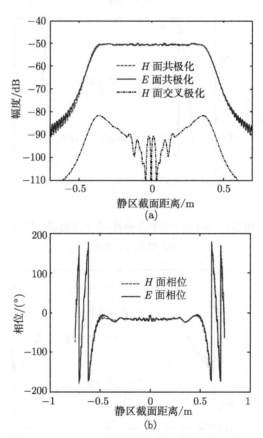

图 5-4 80GHz 时卡塞格林-格雷戈里静区性能

(a) 幅度; (b) 相位

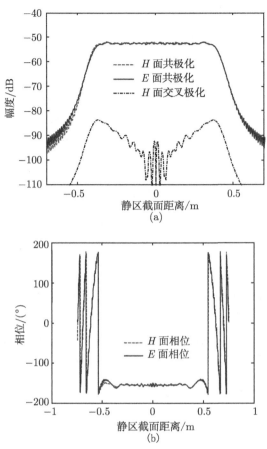

图 5-5 100GHz 时卡塞格林-格雷戈里静区性能

(a) 幅度; (b) 相位

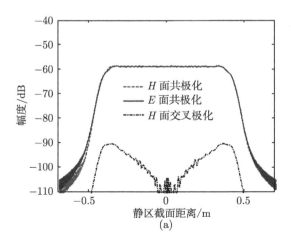

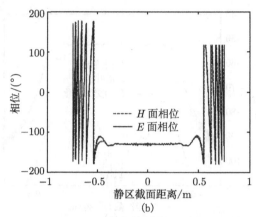

图 5-6　200GHz 时卡塞格林-格雷戈里静区性能

(a) 幅度; (b) 相位

图 5-2 ～ 图 5-6 是利用专业电磁仿真软件 GRASP 对该紧缩场系统进行仿真的结果，出射面距主反射镜光心为 4m，仿真得到出射场的共极化、交叉极化幅度分布和相位分布见表 5-1。

表 5-1　卡塞格林-格雷戈里三反射紧缩场天线测量系统出射场参数

指标	设计仿真结果				
工作频段	40GHz	60GHz	80GHz	100GHz	200GHz
"静区" 幅度扰动	3.56dB	1.48dB	1.09dB	1.15dB	0.79dB
"静区" 相位扰动	20.6°	26.4°	18.9°	12.5°	7.71°
交叉极化隔离度	29.3dB	30.4dB	30.5dB	31.0dB	31.1dB

设计时，系统出射场的静区设置从 −0.35m 到 0.35m。从仿真结果看，静区性能在 40～100GHz 的效果不是很好，幅度抖动和相位抖动都很大，随着频率的升高，静区性能变好，对于 40～100GHz 静区性能不好的问题将通过增加衍射挡板和主反射镜增加锯齿的方法来解决。

图5-7所示为卡塞格林-格雷戈里紧缩场系统出射场的共极化和交叉极化三维图。

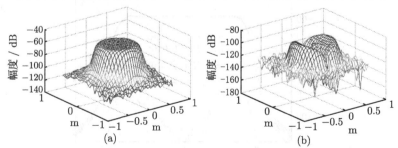

图 5-7　卡塞格林-格雷戈里紧缩场系统 200GHz 出射场三维图

(a) 出射场共极化幅度; (b) 出射场交叉极化幅度

从图 5-7(a) 中可观察到出射场共极化场强是一个圆形的平台形状，中部平台就是用于天线测量的静区。图 5-3(b) 是交叉极化幅度，E 面上交叉极化很小。

从图 5-2～ 图 5-7 的结果可以看出，卡塞格林-格雷戈里紧缩场系统出射场在 200GHz 时的扰动很小，远高于设计的指标，这是因为得益于以下几点：

(1) 设计网格划分细致，采用了 600×90 的划分，并结合了镜面曲率补偿，使最大光程差降低至 5.21μm；

(2) 馈源边缘照度小，在 15° 张角上有 −16dB 的下降，减小了第一副反射镜的边缘效应；

(3) 运行频率高达 200GHz，则电磁波的衍射效应降低；

(4) 设计时利用赋形面副反射镜的波束赋形作用，将出射场分布成中间平坦、边缘陡峭的形状，如图 5-2(a) 中主反射镜边缘 0.5m 处的电场下降了约 30dB，使得主反射镜的边缘衍射波变小；

(5) 采用了卡塞格林-格雷戈里反射形式，产生的静区扰动相对比较小。

采用了卡塞格林-格雷戈里反射形式得到相对较小的静区扰动，但交叉极化隔离度为 31dB，该项指标并不好。

5.1.2 双格雷戈里反射形式的紧缩场系统

5.1 节中采用了卡塞格林-格雷戈里反射形式紧缩场系统，得到了很好的仿真结果。若考虑到系统运行在更高的频率，反射镜边缘衍射效应将会进一步减弱，而在保证静区扰动符合指标的情况下，可采用双格雷戈里反射形式的配置，以得到更高的交叉极化隔离度，并利用静区优化手段使紧缩场系统的出射场静区达到指标，如图 5-8 所示。

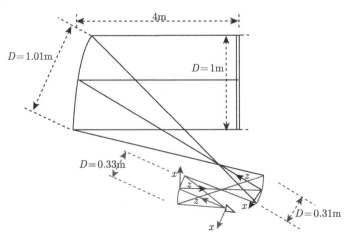

图 5-8 双格雷戈里紧缩场系统示意图

　　图 5-8 是所设计的双格雷戈里反射形式的紧缩场系统,采用了直径约为 1.01m 的球面主反射镜,产生 1m 尺寸的出射场,其中静区的直径是 0.7m,即静区利用率达到 70%。为了减小紧缩场的加工费用,利用前面介绍的赋形面尺寸控制,设计了两面约 0.3m 尺寸的赋形副反射镜。在设计时,采用了 600×90 的网格划分,并结合了镜面曲率补偿的方法,与 5.1 节中的紧缩场系统相同,使设计时的最大光程误差降低为 3.24μm。设计时,采用了方向图主瓣为高斯模式的喇叭馈源,馈源的 16° 张角波束将照射到第一副反射镜上,具有 −20dB 的下降,馈源边缘照度更小,保证双格雷戈里紧缩场的静区达到指标。

　　利用专业电磁仿真软件 GRASP 对该紧缩场系统进行仿真的结果,仿真频率为 100GHz 和 200GHz,出射面距主反射镜光心为 4m,仿真得到出射场的共极化、交叉极化幅度分布和相位分布如图 5-9 和图 5-10 所示。

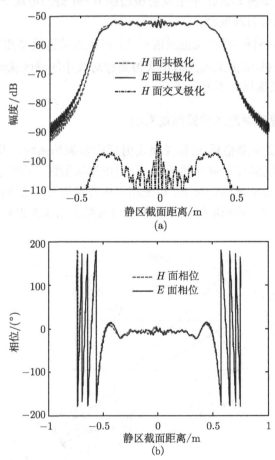

图 5-9　双格雷戈里形式紧缩场系统 100GHz 静区图

(a) 幅度; (b) 相位

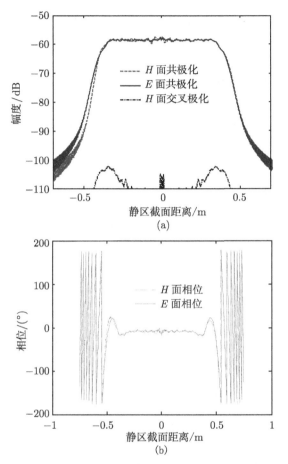

图 5-10 双格雷戈里形式紧缩场系统 200GHz 静区图

(a) 幅度; (b) 相位

归纳总结图 5-9 和图 5-10 的结果, 如表 5-2 所示。

表 5-2 双格雷戈里三反射紧缩场天线测量系统出射场参数

指标	设计仿真结果	
工作频段	100GHz	200GHz
"静区" 幅度扰动	3.67dB	2.46dB
"静区" 相位扰动	28.7°	17.3°
交叉极化隔离度	38.6dB	42.2dB

设计时, 系统出射场的静区设置从 −0.35m 到 0.35m。从仿真结果看, 静区的最大共极化幅度扰动在 100GHz 和 200GHz 分别为 3.67dB 和 2.46dB, 交叉极化隔离度分别为 38.6dB 和 42.2dB。静区相位扰动分别为 28.7° 和 17.3°。由以上结果可

知，双格雷戈里三反射镜紧缩场系统幅度扰动和相位扰动都比卡塞格林-格雷戈里形式的紧缩场系统大，而交叉极化隔离度远优于卡塞格林-格雷戈里形式的紧缩场系统。

图 5-11 是双格雷戈里紧缩场系统 200GHz 的出射场幅度三维图。从图 5-11 中可观察到出射场共极化场强是一个圆形的平台形状，中部平坦的区域是用于天线测量的静区。从图 5-11(b) 可以看出，出射场 E 面上交叉极化很小。

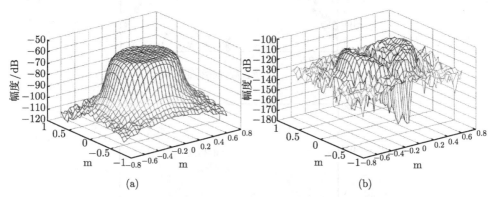

(a)　　　　　　　　　　　　　　(b)

图 5-11　双格雷戈里形式紧缩场系统出射场幅度三维图

(a) 出射场共极化幅度; (b) 出射场交叉极化幅度

双格雷戈里紧缩场系统的设计过程中采用了以下措施：

(1) 设计网格划分细致，采用了 600×90 的划分，并结合了镜面曲率补偿，使最大光程差降低至 5.21μm；

(2) 采用了更小的边缘照度，在 16° 张角上有 −20dB 的下降，减小了第一副反射镜的边缘效应，使静区扰动达到指标；

(3) 运行频率高达 200GHz，则电磁波的衍射效应降低；

(4) 设计时利用赋形面副反射镜的波束赋形作用，将出射场分布成中间平坦、边缘陡峭的形状，如图 5-5(a) 中主反射镜边缘 0.5m 处的电场下降了约 27dB，使得主反射镜的边缘衍射波变小；

(5) 采用了双格雷戈里反射形式，极大地提高了静区的交叉极化隔离度。

从以上仿真结果可以看出，与卡塞格林-格雷戈里形式相比，双格雷戈里反射形式紧缩场系统的出射场静区扰动比较大，但双格雷戈里紧缩场的交叉极化隔离度有 38.6dB 和 42.2dB，远大于卡塞格林-格雷戈里紧缩场系统的 31dB，达到了预期的提高静区交叉极化隔离度的目标。考虑到紧缩场应用于更高的频率，反射镜的边缘衍射效应进一步减小，使得静区的扰动更小。相应地，更高的运行频率意味着必须更精细地设计和加工，以减小设计和加工过程中引入的误差。

双格雷戈里紧缩场系统的出射场参数总结如下：①静区利用率高达 70%；②静区幅度扰动在 100GHz 和 200GHz 分别为 3.67dB 和 2.46dB，相位扰动分别为 28.7° 和 17.3°；③交叉极化隔离度分别为 38.6dB 和 42.2dB；④运行频率是 100~200GHz。

5.2　三反射镜紧缩场测量系统的参数优化

在三反射镜紧缩场测量系统设计过程中，有很多自由量是由设计者定量的，如反射形式的配置设计、赋形反射镜的尺寸控制、设计过程中的计算误差等。这里将对这些参量进行讨论。除此之外，考虑了实际的器件假设误差问题，如喇叭馈源架设位置错位、出射方向偏移等参数灵敏度分析。

5.2.1　自由量设计

1. 赋形面尺寸控制

三反射镜紧缩场天线测量系统的一个优势在于，可使用小尺寸的赋形面反射镜对波束进行聚焦控制。而赋形面反射镜的尺寸可以使用几何光学法确定大概的尺寸范围。

以第一赋形副反射镜为例，假设三反射镜紧缩场系统设计采用的是主瓣张角为 14° 的喇叭馈源，现期望第一副反射镜尺寸约为 0.3m。从物理意义上理解，要求第一副反射镜把喇叭馈源主瓣内的所有波束都聚焦反射向第二副反射镜，则可利用简单的几何知识计算出馈源与第一副反射镜的间距 L，如图 5-12 所示。

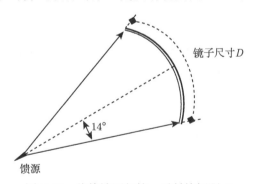

图 5-12　估算馈源与第一反射镜间距 L

则可用圆弧公式估算 L：

$$\theta L = D \Rightarrow L = \frac{D}{\theta}$$

其中，D 表示图 5-12 中的反射镜圆弧长度，可用 D 粗略地表示反射镜尺寸。代入期望尺寸 0.3m 和馈源张角 14°，计算时需使用弧度单位。可求出 $L \approx 0.61\text{m}$。

同理，可用几何光学法对系统出射场的波束进行逆向跟踪，根据所期望的第二副反射镜的尺寸，使用主反射镜边缘的几何光线求出第二副反射镜和主反射镜的间距。

2. 设计过程中的计算误差

理论上，从馈源发出的所有波束到达系统出射平面上的光程长度是相等的。但在设计过程中采用了近似计算，这将给系统设计引入误差。在设计时，一个简略的检查误差方法是计算每个跟踪波束的光程长度，得到最大的光程差。

之前的设计步骤中已经介绍，设计时将馈源的波束按照出射方向划分为多束子波束，相对应地同时在反射镜面上划分网格，每个网格节点对应子波束的反射点。设计过程中采用了双抛物展开面近似表示镜面已知点附近的曲面。当使用双抛物展开面外推得到新的镜面反射点时，将引入设计过程中的计算误差，如图 5-13 所示。

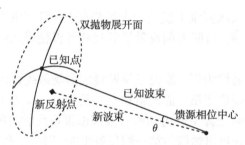

图 5-13   利用双抛物展开面求新反射点

若设计过程中网格划分得过大，会引起较大的设计误差。双抛物面展开只是对已知点附近曲面的一个近似模拟，离中心已知点越远，展开面与实际曲面相差越大。因此如果网格划分得太粗糙，使得图中的 θ 过大，则计算新反射点时引入误差会超出系统容忍度。因此，网格划分得越细，由抛物展开面计算得到的新反射点的误差越小。

这里对网格划分作过测试，当采用的网格划分为 200×90，即把馈源的 θ 划分为 200 份，φ 划分为 90 份时，这样划分产生的最大光程差约为 14μm；当把网格划分为 600×90 时，把光程差缩小为 8μm。

从前面论述已知，新的反射点是由已知反射点外推得到的。当已知反射点已经存在误差，而使用该点进行双抛物展开面进行新反射点的推导时，已知点的误差会传递进新的反射点，从而引起更大的误差。对误差的补偿方法是直接修改反射点的位置，即比较光程长度与标准长度的大小，根据比较结果，沿着光轴位置向前或向后移动设计点的位置。经过仿真实验，采取光程直接补偿方法得到的紧缩场，其出射场静区扰动反而加剧，因此不采用该方法。

根据误差补偿目的，采取了额外补偿镜面曲率参数的方法，并且得到的仿真结果效果较好。镜面曲率参数补偿的原理如下：计算出一个光路反射点的镜面参数，当把该点作为已知点，并作双抛物展开面进行新反射点的外推时，误差会给新光路引入更大的误差。例如，若已知点所在光程比标准光程长，已知点推导得到的新反射点光程也会过长，因此镜面曲率补偿的目的就是减小已知光路误差对新光路的影响，当已知光程长度比标准光程长度大时，可以增大反射镜曲率，双抛物展开面向内 "收缩"，则使得到的外推新光路相对缩短，并最终把修改后的镜面曲率作为已知点的镜面参数，如图 5-14 所示。

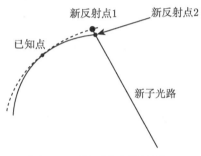

图 5-14　镜面曲率补偿原理

如图 5-14 所示，虚曲线为采用原镜面参数得到的抛物展开面，外推得到新反射点 1。实曲线是采用镜面曲率补偿后的抛物展开面。从图中可看出，如果已知点所在光路比标准光路长时，调整已知点的镜面曲率，使双抛物展开面向内收缩，则由已知点外推得到的新反射点 2 的光程长度变短，减小了已知点光路误差对新光路的影响。反之，若已知点的光程比较短，可以采取相反的镜面曲率调整。

表 5-3 列出了设计过程中的最大光程差。

表 5-3　最大光程差对比

操作	200×90 网格划分	增大网格划分	网格划分 + 曲率补偿
最大光程差	14.58μm	8.13μm	4.81μm

最大的光程差是指，在设计过程中分别记录最长的光程和最短的光程，它们之差就是所记录的光程差。从表 5-3 可看出，在设计过程中，如果网格划分比较粗糙且不采取曲率补偿，最大会产生 14.58μm 的光程差。当采用 300GHz 的运行频率时，波长是 1mm，从简单的光学原理计算出，设计误差引起的最大相位差为 5.4°，再加上实际中的边缘衍射效应，出射场的扰动将不符合静区标准。因此，在本章以后的仿真实例中，都采用了增大网格划分和镜面曲率补偿的措施。

5.3　双格雷戈里三反射镜紧缩场天线测量系统的灵敏度分析

本节主要讨论卡塞格林-格雷戈里紧缩场天线测量系统以及双格雷戈里紧缩场天线测量系统各参量的灵敏度分析，由 5.1 节所示的卡塞格林-格雷戈里紧缩场天线测量系统在 100~200GHz 已经有了很好的静区性能，但是在 40~100GHz 频段，静区幅值和相位都有较大扰动，其中针对卡塞格林-格雷戈里紧缩场天线测量系统主要讨论了 40~100GHz 时，增加衍射挡板和锯齿等参数对紧缩场系统的影响，针对双卡塞格林紧缩场结构谈论了在 100~200GHz 时各反射镜镜面一些参数对系统性能的影响。

5.3.1　卡塞格林-格雷戈里紧缩场天线测量系统的灵敏度分析

低频时所需要考虑的因素是镜子的边缘衍射问题。为了减小卡塞格林-格雷戈里形式紧缩场系统在40~100GHz静区幅值和相位的抖动，采取了几种手段 —— 添加锯齿、在第二副反射镜和主反射镜之间增加衍射挡板以及增加镜子的大小。下面分别说明。

1. GRASP 中添加锯齿，衍射挡板、反射镜大小的设置方法

1) 增加锯齿的方法

在紧缩场系统中，在镜子边缘增加锯齿已经被证明是减小边缘衍射的一种行之有效的方法。在 GRASP 中，系统模拟锯齿形的方法是逐渐减小锯齿根到尖端的表面电流，尽管这个方法很简单，但是效果仍然相当好。锯齿是镜面定义的一个属性，如下所示：

```
<objectname>reflector
(
coor_sys :ref(<n>),
surface :ref(<n>),
rim :ref(<n>),
centre_hole_radius :<rl>,
distortions*) :sequence(ref(<n>),
serration*) :struct(inner_rim:ref(<n>), shape:<si>),
el_prop*) :sequence(ref(<n>),...)
)
```

其中，serration 就是镜子的锯齿，值得注意的是锯齿在分析时只能用物理光学方法，对几何光学法或者几何衍射方法 (GTO) 无效。一个锯齿包含两个关键的因素：

(1) inner_rim (reference) 指向一个 rim 对象，定义了锯齿内圈的大小。锯齿相当于和镜面同心的环形区域，inner_rim 是内径的大小，外径的大小为镜子的半径。

(2) shape (characterstring) 定义了锯齿的形状。分析时，电流将沿着锯齿的内径到外径乘以一个权值，直到在锯齿的边缘减小到 0。该权值反映了锯齿的性能。GRASP 中定义了两种形状：linear 和 cosine。前者按照线性变化，后者按照余弦平方变化。这里取 linear。

值得注意的是，锯齿应该定义在镜子的边缘。如果要保持镜子的大小不变，应该要在 GRASP 中增大镜子 rim 的大小，然后将锯齿的内径定义为镜子的大小。不同的锯齿大小对衍射结果有不用的影响，将会在第 6 章中分析。

2) 增加衍射挡板的方法

在三反射镜紧缩场系统中，由于第一、二副反射镜都是赋形镜，且镜子的尺寸较小，这样经过两个反射镜反射后进入主反射镜的衍射波速会对主镜进行干扰。为了减小这种干扰，可以在第二副反射镜和主镜之间增加一个衍射挡板，从而阻止过多的衍射波束进入主反射镜。因为在物理上，第一和第二副反射镜是被隔离在一个腔体内的，如图 5-15 所示。

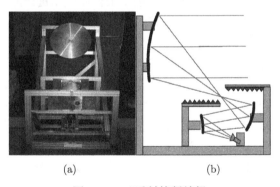

(a)   (b)

图 5-15 三反射镜紧缩场

(a) 实物图; (b) 简略图

衍射挡板是让第二副反射镜和主反射镜之间的焦散区的波能够传播，减小副反射镜衍射波速的传播，从而使静区抖动减小。衍射挡板在物理上是一块中间开孔的材料。但在 GRASP 中是没有衍射挡板这个模块的，只有尝试了几种方法来模拟这个衍射挡板：

建立一块中间带圆孔 (方孔) 的反射镜，然后直接求解上面的电流，通过该电流再求解主反射镜上的电流分布，这样仿真结果非常不好，说明方法有问题。正确的做法很可能是先从第二副反射镜求解主反射镜上的电流，记为 $I1$；然后通过第二副反射镜求解衍射挡板上的电流，再从衍射挡板上的电流求解主反射镜上的电流, 记为 $I2$; 最后主反射镜上的电流就是 $I = I1 - I2$, 这个过程比较复杂, 也没有试验。

最后采用了逆向思维, 将方孔看成一个反射面, 从而在系统中加入了一个反射镜。在计算分析时, 先从第二副反射镜计算在衍射挡板反射镜的电流, 然后通过该电流计算出主反射镜上的电流分布, 再计算电场的分布。这种方法取得了不错的结果。需要注意的是该方法计算出来的相位有 180° 的翻转, 因为计算的是衍射挡板的反射电流, 而实际中电磁波应该是穿透过去的。

衍射挡板的形状、大小以及位置是需要考虑的因素。在 GRASP 中, 建立一个圆形的反射镜比方形的反射面容易, 因而采用的是圆形的衍射挡板。不同的衍射挡板大小得到的结果不一样, 采用的是 12cm 的直径大小。衍射挡板的位置就是焦散区的位置, 即离第二副反射镜 0.63m 的地方。

3) 增加反射镜大小的方法

增加反射镜的大小可以显著地减小衍射效应。这时需要考虑两个问题: 一是增加哪个镜子的大小; 二是由于副反射镜是赋形镜, 增加反射镜的大小会产生什么问题。对于第一个问题, 由于主反射镜已经是 1m 的大小了 (边缘还有 10cm 的锯齿), 再增大主反射镜大小对制造和加工镜子来说比较昂贵。为此选择了增加第一和第二副反射镜大小。然而第二个问题随之又来了, 直接在 GRASP 中增大赋形镜的大小会导致一些问题。因为赋形镜的大小是在三反射镜设计时确定的, 所以镜面的参数只包含了这些点。如果说我们直接在 GRASP 中增加镜子的大小, 那么增加的这部分的这些点又是从哪里来的呢? 实际上 GRASP 在处理赋形镜时采用了插值的算法。赋形镜镜面输入的点只是作为一种参考点, 所有的点都是通过插值算法计算出来的。因此如果直接增加镜子的大小, 则多出来的部分也是通过插值算法计算出来的。如果将镜子画出来, 很可能会看到镜子的边缘非常粗糙, 但是由于处在镜子的边缘区域, 反而降低了边缘衍射效应, 从而减小了静区的幅值扰动。

4) 增大馈源边缘衰落的方法

高斯馈源是一种比较简单而实用的馈源模式, 特别是在项目中馈源使用的是远场馈源的形式。远场模式的馈源形式如下:

```
<object name>gaussian_beam_pattern
(
frequency:ref(<n>),
coor_sys:ref(<n>),
taper_angle:<rd>,
taper:<rdB>,
polarisation:<si>,
far_forced:<si>,
```

```
factor :struct(dB:<rdB>,deg:<rd>),
frequency_index_for_plot *):<i>
)
```

其中，taper_angle 和 taper 表示了馈源在 taper_angle 角度有 taper(dB) 的衰落。这两个参数也是设计馈源喇叭的重要参数。从原理上说，增加馈源边缘衰落也就相当于在第一副反射镜边缘增加锯齿或者增大第一副反射镜的大小。因此，增加馈源边缘衰落能够减小边缘衰落。但是这种方法会使静区的半径减小。下面是测试的两个例子。在该例子中，主反射镜增加 10cm 大小的锯齿，衍射挡板的大小为 12cm，衍射挡板离第二副反射镜的距离为 0.66m。比较了当馈源边缘衰落为 18dB 以及 14dB 时 60%静区利用率的幅值抖动。

从图 5-15 和图 5-16 可以看出，馈源边缘衰落为 14dB 时，静区扰动为 ±0.71dB，交叉极化隔离度为 31.85dB；当馈源边缘衰落为 18dB 时，静区扰动为 ±0.48dB，交叉极化隔离度为 33.14dB。从而增加馈源的衰落可以降低静区的抖动以及交叉极化隔离度。但是增加衰落会使静区的半径减小。该实例中，静区利用率只有 60%。

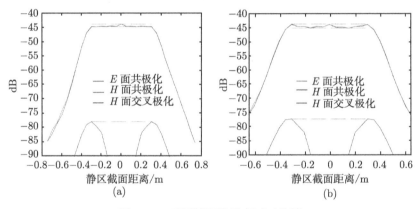

图 5-16　不同馈源边缘衰减对比图

40GHz 幅度; 衍射挡板直径: 12cm; 60%静区利用率; 馈源边缘衰落: (a) 18dB, (b) 14dB

2. 有衍射挡板与没有衍射挡板两种方案的仿真结果

在确定最后的仿真配置上，做了很多的实验。因为上面所提到的几种措施都能减小衍射效应，然而其中的某个措施并不能使得三反射镜紧缩场系统在低频时满足要求，尤其是在 40GHz 这一频段 (仿真表明通过在主反射镜增加锯齿，或者三个反射镜增加锯齿，或者主反射镜增加锯齿、使用衍射挡板的措施都可以在 60GHz 或者 80GHz 满足要求，但是在 40GHz 的特性却稍稍不能满足要求)，因而需要将这些措施组合在一起使用。经过反复的实验，总结了两种组合方案 —— 有衍射挡板和没有衍射挡板。

1) 衍射挡板方案

衍射挡板方案为：主反射镜增加锯齿，锯齿的大小为 10cm，主反射镜的大小为 1m；第一副反射镜增加锯齿，第一副反射镜的大小为 0.15m，锯齿的大小为 0.08m；第二副反射镜也增加锯齿，第二副反射镜的大小为 0.16m，锯齿的大小为 0.09m；在第二副反射镜和主反射镜之间增加衍射挡板，衍射挡板的大小为 12cm，离第二副反射镜的距离为 0.63m。馈源的衰落为 13.5dB。图 5-17 ~ 图 5-20 显示了该方案在 100GHz、80GHz、60GHz 以及 40GHz 的仿真结果。

从图 5-17 可以看出，在该方案下，100GHz 静区幅值和相位扰动分别为 0.54dB 和 5.02°，交叉极化隔离度为 31.64dB。

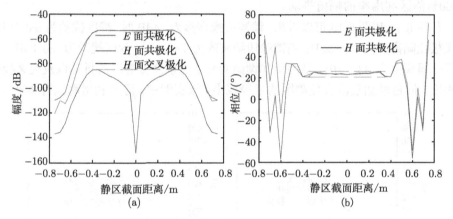

图 5-17   带衍射挡板 100GHz 仿真结果图 (70%静区利用率)

从图 5-18 可以看出，在该方案下，80GHz 静区幅值和相位扰动分别为 0.74dB 和 6.83°，交叉极化隔离度为 31.73dB。

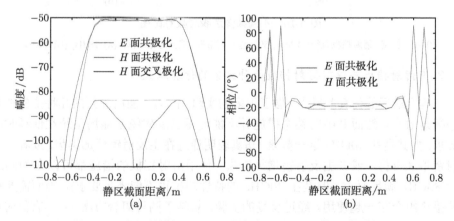

图 5-18   带衍射挡板 80GHz 仿真结果图 (70%静区利用率)

从图 5-19 可以看出,在该方案下,60GHz 静区幅值和相位扰动分别为 0.85dB 和 7.56°,交叉极化隔离度为 31.60dB。

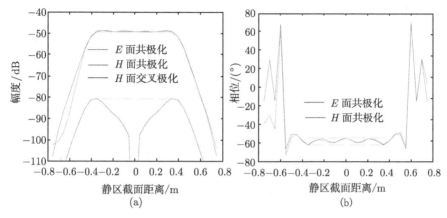

图 5-19 带衍射挡板 60GHz 仿真结果图 (70%静区利用率)

从图 5-20 可以看出,在该方案下,40GHz 静区幅值和相位扰动分别为 0.96dB 和 10.92°,交叉极化隔离度为 32.03dB。

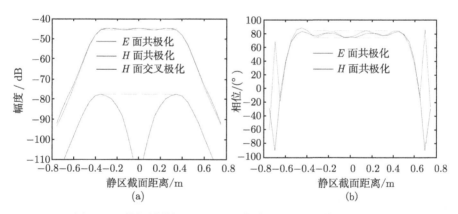

图 5-20 带衍射挡板 40GHz 仿真结果图 (70%静区利用率)

衍射挡板的大小和位置是关键的因素,下面将分别讨论衍射挡板在不同位置以及不同大小时对结果的影响。需要说明的是,这些结果仅是一些中间的结果,即在该仿真中参数并不是最优的,但是通过只变化挡板的不同位置或者挡板的大小,也可以大致看出位置和大小对结果的影响。

挡板在不同位置仿真结果 (40GHz) 见表 5-4。

表 5-4   不同衍射挡板位置仿真结果对比

衍射挡板位置/m	幅值/dB	相位/(°)	交叉极化隔离度/dB
0.62	0.9600	12.1015	31.9897
0.63	0.9621	10.9217	32.0292
0.64	1.0137	9.5908	32.0592
0.65	1.0469	8.2067	32.0789
0.66	1.0583	6.9424	32.0895
0.67	1.1254	6.0388	32.0931
0.68	1.2088	5.1849	32.0755

从表 5-4 的结果可以看出，衍射挡板的位置主要影响静区的幅值和相位抖动，而对交叉极化隔离度的影响较小。这是因为衍射挡板仅是轴向的移动，镜面仍然是对称的。还可以发现，衍射挡板远离第二副反射镜时，幅度抖动会变好，但是相位抖动会变差；靠近第二副反射镜时，幅度抖动会变差，但是相位抖动会变好。

挡板不同大小仿真结果 (40GHz) 见表 5-5。

表 5-5   不同衍射挡板大小仿真结果对比

衍射挡板半径/m	幅值/dB	相位/(°)	交叉极化隔离度/dB
0.050	1.8871	8.8690	31.0111
0.055	1.1427	8.5436	31.8041
0.060	0.9621	10.9217	32.0292
0.065	1.1824	12.0795	31.5387
0.070	0.9811	8.7651	31.3307

从表 5-5 的结果可以看出，衍射挡板半径对结果的影响似乎没有什么规律。说明衍射挡板的半径对结果的影响依赖于其他参数的配置，在不同的参数下，应该仔细调整衍射挡板的大小。

2) 没有衍射挡板方案

在没有衍射挡板的情况下，采用的是在主反射镜增加锯齿、增大两个副反射镜大小的措施以减小边缘衰落。增加锯齿主要是在主反射镜上加锯齿，如图 5-21 所示。

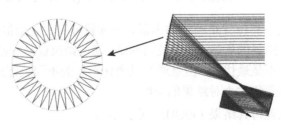

图 5-21   主反射镜增加锯齿

和前一个方案相同，主反射镜的锯齿大小依然为 10cm，主反射镜的大小为 1m；第一副反射镜的大小为 0.18m；第二副反射镜的大小为 0.19m；馈源的衰落为 13.5dB。图 5-22 ～ 图 5-25 显示了该方案在 100GHz、80GHz、60GHz 以及 40GHz 的仿真结果。

从图 5-22 可以看出，在 100GHz 时，静区幅值抖动为 0.62dB；静区相位抖动为 5.32°；交叉极化隔离度为 31.62dB。

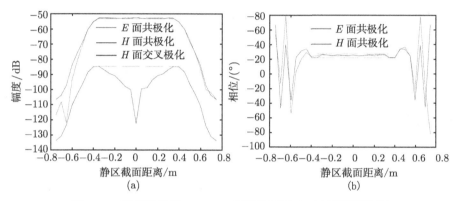

图 5-22 无衍射挡板 100GHz 仿真结果图 (70%静区利用率)

从图 5-23 可以看出，80GHz 时幅值抖动为 0.77dB；相位抖动为 6.54°；交叉极化隔离度为 31.52dB。

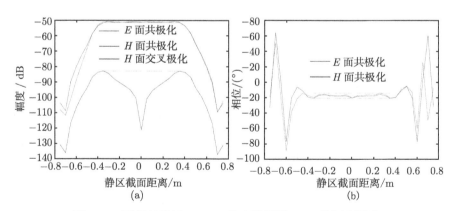

图 5-23 无衍射挡板 80GHz 仿真结果图 (70%静区利用率)

从图 5-24 可以看出，在 60GHz 时，静区幅值抖动为 1.01dB；相位抖动为 8.22°；交叉极化隔离度为 31.83dB。

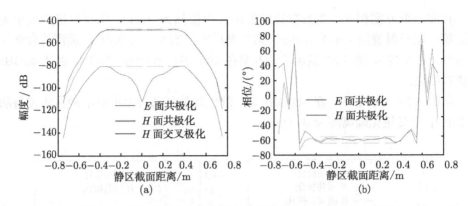

图 5-24　无衍射挡板 60GHz 仿真结果图 (70%静区利用率)

从图 5-25 可以看出,在 40GHz 时,静区幅值抖动为 0.82dB;相位抖动为 8.67°;交叉极化隔离度为 31.40dB。

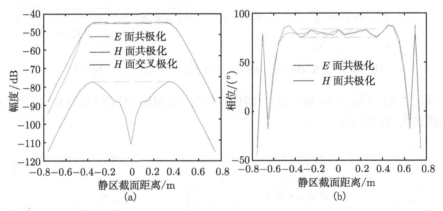

图 5-25　无衍射挡板 40GHz 仿真结果图 (70%静区利用率)

　　从上面的仿真结果中可以看出,通过在主反射镜边缘增加锯齿,增大第一和第二副反射镜的大小,可以有效地减小衍射效应。从上述结果可以看出,相位抖动一般都降到 9° 以下,交叉极化隔离度一般都大于 31dB,这两个参数是相对比较容易满足的。幅值扰动和相位扰动却会随着频率的降低而稍稍增大。上述结果中有一个现象是 60Hz 的结果比 40GHz 的差,可能是由于在物理光学法计算时采用点数 (po1 以及 po2) 引起的。在赋形镜上直接增大了镜面大小,增大部分的镜面数据是通过插值运算得到的。不同的 po1、po2 以及工作频率会对网格的剖分产生不同的影响,如果仔细调节 po1/po2 的值应该能够使仿真结果更好一些。总体来说,没有衍射挡板,只增加主镜锯齿和增大第一、二副反射镜这种方案可以达到很好的效果。

3) 方案对比

从以上的结果可以看出，两种方案在低频时都基本满足了紧缩场设计的要求：静区幅度扰动小于 1dB，相位扰动小于 $10°$，交叉极化隔离度大于 30dB。从仿真中可以看出，交叉极化隔离度是一个相对容易满足的指标，而相位扰动也是一个能满足的指标，关键在于幅度的扰动比较难满足，这说明在低频时，衍射效应对幅值的影响较大。

上述两种方案 —— 有衍射挡板的方案以及没有衍射挡板的方案所达到的效果基本上是一致的。增大第一、二副反射镜的大小从某种意义上说也是在第一、二副反射镜上添加锯齿。衍射挡板能进一步减小衍射效应，但有趣的是，如果在方案二中添加衍射挡板，即主镜增加锯齿，增大第一、二副反射镜大小并在第二副反射镜和主镜之间增加衍射挡板，其仿真效果并不会比不加衍射挡板要好。可能的原因是衍射挡板的作用和衍射挡板本身的大小以及离第二副反射镜的距离有关，需要仔细调整衍射挡板的大小和位置才能使结果最优化，这一点可以从仿真结果中看出来。

总的来说，没有衍射挡板的方案不用为每个镜子设计复杂的锯齿，并且从上述分析中可以看出，衍射挡板的大小和位置对结果是比较敏感的。没有衍射挡板方案的缺陷在于需要增加赋形镜的大小，从而使得加工制造费用上升。但这一趋势说明，只要适当增加镜子的大小，其带来的收益是比较大的，而且在实际制造中，可以适当降低镜子边缘的表面精度，从而降低成本。

本小节给出了如何减小三反射镜紧缩场边缘衍射效应的几个措施以及仿真的结果。边缘衍射效应是低频时紧缩场所需要考虑的因素，在实际中为了改善紧缩场在低频时的性能，还可以着重于暗室环境的搭建，如暗室的温度、湿度等。

本小节主要着重于紧缩场设计阶段如何减小镜边缘衍射效应。增加锯齿是一个简单有效的方法，尽管在 GRASP 中锯齿的模拟非常简单，只是从内径往外作电流的衰减，GRASP 中的这种方法是很有效的。实际的锯齿可能会比这些复杂，但是在模拟时基本上都用这些方法；增加衍射挡板是设计中的一个亮点。衍射挡板本质上是一个中间带孔的金属板。在模拟时，采用了一个反射镜来表示，该反射镜的大小就是孔的大小，这种模拟方法的区别会造成相位有 $180°$ 的反转；增加副反射镜的大小会减小衍射，其效果比在副反射镜上增加锯齿好。

最后确定了两种方案：一种方案是三个反射镜都增加锯齿，第二副反射镜和主反射镜之间增加衍射挡板；另外一种是主反射镜增加锯齿，增加两个副反射镜的大小。仿真结果表明，两种方案都取得了不错的效果。

3. 第一、二副反射镜大小对结果的影响

在没有衍射挡板的方案中，通过增加副反射镜的大小来达到减小衍射效应的目的。在原有的 200GHz 方案中，第一副反射镜的大小为 0.15m，第二副反射镜的大小为 0.16m。在 GRASP 中是通过插值算法来增大两个反射镜的大小的。要获得两个反射镜的镜面参数，可以使用 GRASP 中 Get Reflector Data 命令导出数据。表 5-6 和表 5-7 分别显示了改变第一副反射镜大小和改变第二副反射镜大小的仿真结果，该仿真是在 40GHz 频率下进行的。

改变第一副反射镜大小仿真结果见表 5-6。

表 5-6　不同第一副反射镜半径大小仿真结果对比

第一副反射镜半径/m	幅值/dB	相位/(°)	交叉极化隔离度/dB
0.15	1.5414	11.5596	31.0256
0.16	1.1053	13.5957	31.4527
0.17	1.0202	8.5660	31.3499
0.18	0.8208	8.6663	31.4055
0.19	0.8939	8.3464	31.3512
0.20	0.8583	8.4022	31.3919

改变第二副反射镜大小仿真结果见表 5-7。

表 5-7　不同第二副反射镜半径大小仿真结果对比

第二副反射镜半径/m	幅值/dB	相位/(°)	交叉极化隔离度/dB
0.16	1.6564	15.5596	30.948
0.17	1.4011	11.9855	31.5673
0.18	0.9936	8.9912	31.7933
0.19	0.8208	8.6663	31.4055
0.20	0.9048	8.1224	31.4622
0.21	0.9048	8.4022	31.3919

从结果可以看出，第一、二副反射镜的大小对静区幅值和相位的影响是比较大的。从结果中可以看出，镜子越大，幅值和相位的抖动越小。但是这里面会有个问题，由于增大镜子的那部分点是通过插值算法得出来的，镜子越大，需要插值算法计算的点越多。以第一副反射镜为例，在设计时副反射镜的大小为 0.15m，在赋形镜的文件中只提供了 0.15m 范围内的点。如果将镜子的大小设置为 0.18m，那么多出来的这部分镜面参数将通过 0.15m 范围内的点插值得到。镜子越大，通过插值算法计算出来的镜面很可能会更畸形，从而降低了性能。但这个趋势说明，增大第一和第二副反射镜的大小能有效地减小边缘衍射效应。

4. 主反射镜锯齿大小对结果的影响

主反射镜增加锯齿能有效地减小边缘衍射效应。下面的仿真是在 40GHz 的仿真下得出的，因为在 40GHz 时衍射效应最强烈。

在仿真中，主反射镜的大小为 1m，锯齿的大小是指从主反射镜边缘向外延伸的轴向长度。从表 5-8 结果可以看出，在没有衍射挡板的方案下，仅依靠增大两个副反射镜的大小是不能达到要求的。因此主反射镜锯齿的作用是相当大的，特别是对静区幅值和相位抖动的影响最大。从结果也可以看出，锯齿越大，效果就越好，但是到达一定大小后作用就不那么明显了 (如表 5-8 中大于 0.1m 的部分)。最终采用的锯齿大小是 0.1m，当然 0.05m 时就已经满足了要求。

表 5-8   不同主反射镜锯齿大小仿真结果对比

锯齿大小/m	幅值/dB	相位/(°)	交叉极化隔离度/dB
0.02	1.1212	171.0051	30.6375
0.04	1.0499	9.0913	30.8506
0.05	0.9261	9.1991	30.9672
0.06	0.9288	9.1034	31.0839
0.07	0.9276	9.0361	31.1661
0.08	0.9095	8.9218	31.2392
0.09	0.8677	8.7651	31.3282
0.10	0.8208	8.6663	31.4055
0.11	0.8129	8.6036	31.4288
0.12	0.8391	8.548	31.4272
0.13	0.8757	8.5162	31.4232

5. 镜面精度对结果的影响

在定义一个反射镜时，除了可以设置锯齿和电属性外，还可以设置镜面精度 (distortion)。distortion 定义了一个附着在镜子表面的表面，主要用来仿真镜面的精度。distortion 有很多种，这里使用的是 random surface(Geometrical Objects -> Surface -> Imperfection Modelling ->Random Surface)。random surface 的定义如下：

```
<object name>random_surface
(
    x_range :struct(start:<rl>, end:<rl>, np:<i>),
    y_range :struct(start:<rl>, end:<rl>, np:<i>),
    peak :   <rl>,
    seed :   <i>,
    list :   <si>
)
```

其中，x_range 和 y_range 是一个区域，该区域至少需要包含镜面的大小。每一维都定义了一个起始点、终点以及总共的点数。seed 是随机数种子，seed 如果相同，则产生的表面也会相同。peak 用来计算镜子表面精度，计算公式为 RMS = 0.47 × peak。对于反射面，镜面精度决定了紧缩场系统的最高频率。一般镜面的精度要求是最高频率波长的 1%。由此可得到 100GHz 的镜面精度至少是 0.03mm，即 30μm，从而得到 peak 的值为 0.064。图 5-26 是设计第一和第二副反射镜表面精度为 8μm 的仿真结果。

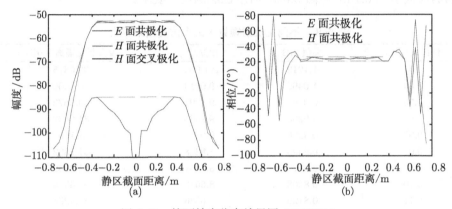

图 5-26　镜面精度仿真结果图 (100GHz)

　　对比没有 distortion 情况下 100GHz 的结果可以发现，在定义了 distortion 的情况下，紧缩场的性能稍微下降了一些 (静区幅值扰动和相位扰动分别从 0.62 dB 和 5.32° 下降到 0.72dB 和 5.46°)。这是可以理解的，因为 8μm 的情况下仍然远大于 100GHz 所要求的精度。然而，distortion 的仿真结果和很多因素有关，如在整个 distortion 区域内的采样点数和物理光学法计算时积分采样点的个数 (po1 和 po2)。distortion 区域采样点越多，则该表面越粗糙，则应该增大 po1 和 po2 的值以保证计算的准确性。仿真时曾设计过不同的采样点数，结果发现在有的情况下仿真结果非常差。限于时间和精力，distortion 的仿真可以作为未来继续深入讨论的工作。

6. 馈源特性对系统静区的影响

1) 馈源架设误差对结果的影响

　　馈源的架设误差是指馈源的轴向偏离波束传播的方向 (z 方向) 一个角度。这在实际馈源的安装过程中是可能发生的。馈源的架设误差可以沿着各个方向，典型的如 xOz 平面、yOz 平面。在实际系统的搭建中 yOz 平面是对称平面，因而在这里仅考虑该平面的架设误差。需要注意的是在馈源偏离一个角度时，应该确保后面镜子的位置是不变的，这就需要重新计算其他镜子 (在这里是第一个副反射镜) 的坐标系。图 5-27 和图 5-28 显示了偏离 0.5° 时的仿真结果。

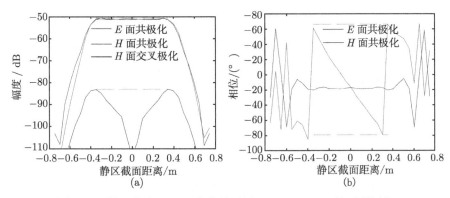

图 5-27　馈源偏离 −0.5° 仿真结果图 (80GHz, 70% 静区利用率)

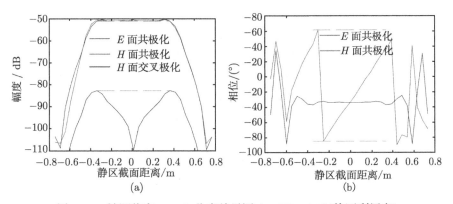

图 5-28　馈源偏离 +0.5° 仿真结果图 (80GHz, 70% 静区利用率)

图 5-27 和图 5-28 中, 正向偏离是指馈源的轴心偏向 y 轴的正向, 负向偏离是指馈源的轴心偏向 y 轴的负方向。从上述结果可以看出, 馈源在 yOz 平面上的偏离对静区的幅度扰动以及交叉极化隔离度影响不大, 对 H 面共极化的幅度的影响也不大, 但是对 E 面共极化的影响非常大。

2) 不同交叉极化度的高斯场对结果的影响

理想高斯馈源的辐射方向图是轴对称的, 在 $\theta = 0°$ 以及 $\theta = 90°$ 方向上的辐射方向图可由公式表达为

$$G(\theta) = G_0 10^{\mathrm{EL}(\theta/\theta_0)/20} \tag{5-1}$$

式中, G_0 为场归一化常数; EL 为边缘锥度 (dB)。本节所采用的高斯馈源在 $\theta = 15°$ 时有 $-16\mathrm{dB}$ 的衰减。

由波纹喇叭产生的轴对称的场的辐射模式在球坐标系下可以表示为

$$E_\theta = A(\theta) \cos\varphi \tag{5-2}$$

$$E_\varphi = -B(\theta)\sin\varphi \tag{5-3}$$

其中，θ 和 φ 为球坐标系下的坐标变量；$A(\theta)$ 和 $B(\theta)$ 为归一化的 E 面和 H 面的辐射模式。

利用路德维格对于交叉极化的第三种定义方法，可以将式 (5-2) 和式 (5-3) 写成

$$E_{co} = E_\theta \cos\varphi - E_\varphi \sin\varphi \tag{5-4}$$

$$E_{cr} = E_\theta \sin\varphi + E_\varphi \cos\varphi \tag{5-5}$$

对于理想的轴对称的辐射模式 $A(\theta) = B(\theta)$，这意味着交叉极化值为负无穷大 (即没有交叉极化)。至此，建立了场的辐射模型，这个模型可以作一些调整以使其产生不同程度的交叉极化：将式 (5-2) 乘以 $\cos^n k\theta$，那么式 (5-2) 和式 (5-3) 可以写为

$$E_\theta = A(\theta)\cos^n k\theta \cos\varphi \tag{5-6}$$

$$E_\varphi = -B(\theta)\sin\varphi \tag{5-7}$$

可以通过改变 k 和 n 的值来获得不同程度的交叉极化。由于采用的馈源是高斯馈源，所以其辐射模式为

$$A(\theta) = \exp(-0.8(\theta/16)^2) \tag{5-8}$$

$$B(\theta) = \exp(-0.8(\theta/16)^2) \tag{5-9}$$

其中，取 $EL = 0.8$，$\theta_0 = 16$，$\varphi = 45°$。取不同的 n 与 k 的值可以得到不同交叉极化度的高斯场，具体实现方式可通过 MATLAB 软件查找具体的 n 与 k 的值，图 5-29 ∼ 图 5-32 所示为当 $n = 2.3, 2.9, 4.2, 5.9, 8.5$，$k = 0.6$ 时，$\varphi = 0°, 30°, 45°, 90°$ 切面的高斯馈源场。

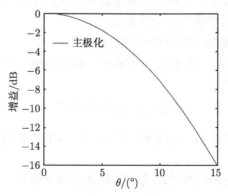

图 5-29　$\varphi = 0°$ 切面高斯馈源场 (无交叉极化)

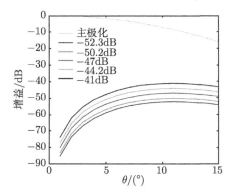

图 5-30 $\varphi = 30°$ 切面高斯馈源场 (交叉极化)

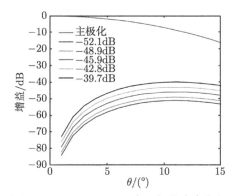

图 5-31 $\varphi = 45°$ 不同交叉极化度高斯场

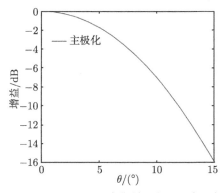

图 5-32 $\varphi = 90°$ 切面高斯馈源场 (无交叉极化)

由图 5-29 ∼ 图 5-32 可知,当 $\varphi = 45°$ 时,高斯馈源交叉极化最大。由于 $\theta > 15°$ 时的高斯馈源场很小,所以这里将交叉极化度定义为当 $\varphi = 45°$ 时, $\theta = 15°$ 以内交叉极化增益最大值与主极化最大值之差。

将以上产生的高斯馈源场代入仿真软件 GRASP 中,在频率 340GHz 下进行仿真得到结果如图 5-33 ~ 图 5-37 所示。

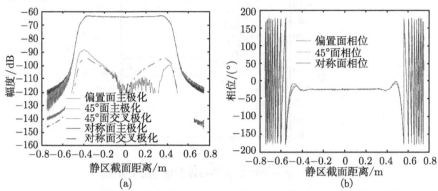

(a)　　　　　　　　　　　　　(b)

图 5-33　馈源交叉极化度为 −39.7dB 时 CATR 静区幅度与相位变化图

(a) 幅度; (b) 相位

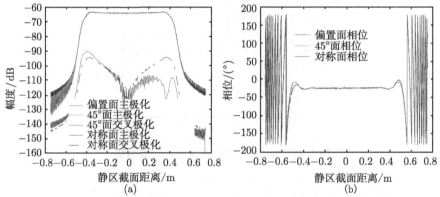

(a)　　　　　　　　　　　　　(b)

图 5-34　馈源交叉极化度为 −42.8dB 时 CATR 静区幅度与相位变化图

(a) 幅度; (b) 相位

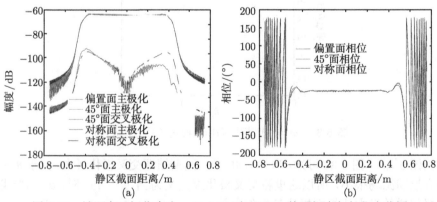

(a)　　　　　　　　　　　　　(b)

图 5-35　馈源交叉极化度为 −45.9dB 时 CATR 静区幅度与相位变化图

(a) 幅度; (b) 相位

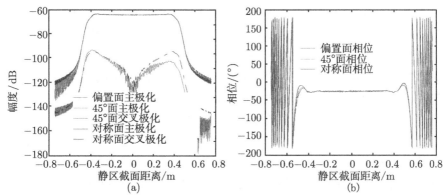

图 5-36 馈源交叉极化度为 −48.9dB 时 CATR 静区幅度与相位变化图

(a) 幅度; (b) 相位

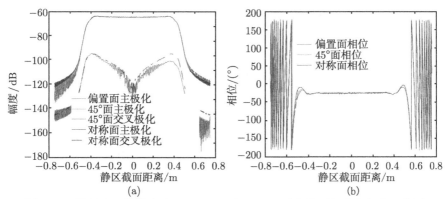

图 5-37 馈源交叉极化度为 −52.1dB 时 CATR 系统静区幅度与相位变化图

(a) 幅度; (b) 相位

表 5-9 给出了当馈源交叉极化度由 −39.7dB 变化到 −59.9dB 的过程中，静区性能的变化过程。

表 5-9(a)　不同交叉极化度产生的出射场参数

馈源交叉极化度	静区幅度扰动	静区相位扰动	静区交叉极化度
−39.7dB	−42.8dB	−45.9dB	−48.9dB
0.81dB	0.81dB	0.81dB	0.81dB
5.69°	5.69°	5.69°	5.69°
−26.1dB	−27.8dB	−29.2dB	−30.3dB

表 5-9(b)　不同交叉极化度产生的出射场参数

馈源交叉极化度	静区幅度扰动	静区相位扰动	静区交叉极化度
−52.1dB	−54.0dB	−57.1dB	−59.9dB
0.81dB	0.81 dB	0.81dB	0.81dB
5.69°	5.69°	5.69°	5.69°
−31.2dB	−31.9dB	−32.4dB	−32.8dB

　　由表 5-9 可知，馈源的交叉极化度的大小变化对于静区主极化幅值扰动以及相位扰动基本没有影响，但对于静区场的交叉极化度有很大影响。将表 5-9 中的馈源交叉极化度作为横坐标，静区交叉极化度作为纵坐标，可得图 5-38。由图可以看出，静区交叉极化度随着馈源交叉极化度减小而减小，但减小速度会变缓。由于反射镜天线的不同以及馈源场形式的差异，此结论不一定适用于所有馈源和不同形式的紧缩场结构。另外值得注意的是，由于馈源场由公式模拟产生，有一定误差，且馈源场在 $\varphi = 0°, 90°$ 方向上，模拟交叉极化场为 0，而实际馈源由于加工精度以及各种误差的影响，在 $\varphi = 0°, 90°$ 方向上的交叉极化场不可能为 0，所以在上述公式产生的交叉极化场与实际高斯馈源产生的交叉极化场可能会有所差别。

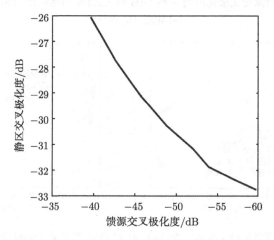

图 5-38   静区交叉极化度随馈源交叉极化度变化图

3) 真实高斯馈源场对结果的影响

使用 CHAMP 软件设计了两个波纹喇叭，它们的频段如表 5-10 所示。

表 5-10   两个超高斯波纹喇叭频段

喇叭编号	中心频率	频率范围
1	119GHz	90~140GHz
2	183GHz	140~220GHz

　　上述两个喇叭可以实现三反系统由 90GHz 到 220GHz 的频段覆盖，两个喇叭的回波损耗、交叉极化度和旁瓣电平均满足设计要求，两个波纹喇叭出射场性能指标如图 5-39 和图 5-40 所示，具体数值见表 5-11 和表 5-12。

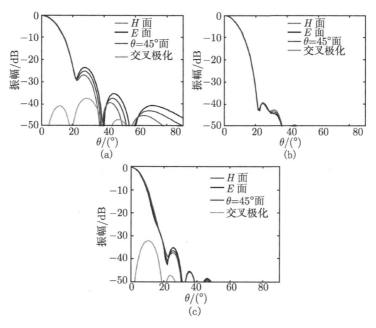

图 5-39 馈源 1 在 90GHz、119GHz、140GHz 出射场图

(a) 90GHz; (b) 119GHz; (c) 140GHz

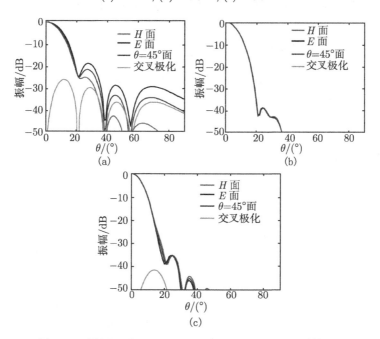

图 5-40 馈源 2 在 140GHz、183GHz、220GHz 出射场图

(a) 140GHz; (b) 183GHz; (c) 220GHz

表 5-11　馈源 1 在频点 90GHz、119GHz、140GHz 性能指标

性能指标	90GHz	119GHz	140GHz
回波损耗	−23.5dB	−48.3dB	−35.8dB
轴向最大增益	21.3dB	23dB	24.8dB
$\theta = 15°$ 锥削	−10.6dB	−16dB	−22.2dB
旁瓣电平	−23.8dB	−39dB	−36dB
交叉极化度	−41dB	−53.5dB	−32.2dB

表 5-12　馈源 2 在频点 140GHz、183GHz、220GHz 性能指标

性能指标	140GHz	183GHz	220GHz
回波损耗	−22.5dB	−48.9dB	−34.4dB
轴向最大增益	20.7dB	23dB	24.8dB
$\theta = 15°$ 锥削	−10.6dB	−16dB	−23.2dB
旁瓣电平	−24dB	−39.1dB	−35.4dB
交叉极化度	−41dB	−53.7dB	−41.7dB

将以上两个仿真波纹喇叭作为三反射镜紧缩场系统的馈源，并分析其对三反系统的影响可得系统出射场，如表 5-13 和表 5-14 所示。

表 5-13　使用理想馈源与仿真馈源 1 时，在频点 90GHz、119GHz、140GHz 系统仿真结果

频点	90GHz		119GHz		140GHz	
馈源类型	理想馈源	仿真馈源	理想馈源	仿真馈源	理想馈源	仿真馈源
幅度抖动	1.24dB	3.38dB	1.14dB	1.55dB	1.51dB	3.36dB
交叉极化度	−30.7dB	−27.7dB	−31.3dB	−30.7dB	−31dB	−30.8dB
相位抖动	18.1°	27.4°	13.8°	14.8°	8.99°	17.6°

表 5-14　使用理想馈源与仿真馈源 2 时，在频点 140GHz、183GHz、220GHz 系统仿真结果

频点	140GHz		183GHz		220GHz	
馈源类型	理想馈源	仿真馈源	理想馈源	仿真馈源	理想馈源	仿真馈源
幅度抖动	1.51dB	4.34dB	1.35dB	1.69dB	0.73dB	2.58dB
交叉极化度	−31dB	−26.7dB	−30.6dB	−30.0dB	−31.1dB	−31.0dB
相位抖动	14.8°	15.9°	6.53°	7.08°	5.93°	16.6°

由表 5-13 和表 5-14 可知，当频率为馈源的中心频率时，理想馈源与非理想馈源产生的静区场相差较小，非理想馈源产生的静区场幅度抖动与理想馈源产生的静区场幅度抖动变差均在 0.41dB 以内，交叉极化度变差为 0.6dB 左右，相位抖动变差在 1° 以内。

在馈源的边缘频率，由于真实馈源产生的高斯场与理想高斯场相差较大，所以结果也相差较大。非理想馈源产生的静区场比理想馈源产生的静区场变差范围为 1.8 ~ 2.8dB 不等，交叉极化度变差为 0.1 ~ 4.3dB 不等，并且频率越低，馈源的交叉极化度越高，相位抖动变差在 1.1° ~ 10.7° 不等。

7. 第一副反射镜架设误差对结果的影响

第一副反射镜架设误差有很多种，如轴向架设误差 (沿着传播轴向前传播)、x 轴架设误差、y 轴架设误差以及 z 轴架设误差。在研究第一副反射镜架设误差时，在这里我们仅进行轴向误差的研究。需要注意的是，在轴向移动时，应该确保其他镜子的位置不动，因此需要重新计算其他镜子 (通常是下一个镜子) 的坐标系。表 5-15 是在 80GHz 的情况下得到的结果。

表 5-15 第一副反射镜轴向移动仿真结果

轴向移动/mm	幅值/dB	相位/(°)	交叉极化隔离度/dB
−0.4	0.7813	14.8426	31.5168
−0.3	0.7785	12.5628	31.5174
−0.2	0.7755	9.5596	31.5182
−0.1	0.7725	6.9180	31.5189
0	0.7696	6.5435	31.5196
+0.1	0.7662	7.1885	31.5199
+0.2	0.7629	8.6604	31.5202
+0.3	0.7596	10.1482	31.5205
+0.4	0.7562	11.6358	31.5209
+0.5	0.7547	17.6575	31.5231

表 5-15 中，+ 号表示向前移动，− 号表示向后移动 (沿着波束传播的方向)。从上面的结果也可以看出，轴向的假设误差对幅度扰动和交叉极化隔离度的影响较小，而对相位扰动的影响非常大，并且第一副反射镜后移对相位的影响比前移大。这主要是因为轴向移动镜子后镜子仍然是对称的，对后面的幅度影响比较小。80GHz 的波长是 3.75mm，轴向移动 0.5mm 对相位的影响会比较大。

8. 第二副反射镜架设误差对结果的影响

第二副反射镜架设误差也有很多种，如轴向架设误差 (沿着传播轴向前传播)、x 轴架设误差、y 轴架设误差以及 z 轴架设误差。在研究第一副反射镜架设误差时，在这里我们仅进行轴向误差的研究。需要注意的是，在轴向移动时，应该确保其他镜子的位置不动，因此需要重新计算其他镜子 (通常是下一个镜子) 的坐标系。表 5-16 是在 80GHz 的情况下得到的结果。

表 5-16　　第二副反射镜轴向移动仿真结果

轴向移动/mm	幅值/dB	相位/(°)	交叉极化隔离度/dB
−0.4	0.7688	11.5634	31.5166
−0.3	0.7690	9.7416	31.5174
−0.2	0.7692	9.5596	31.5182
−0.1	0.7725	7.9198	31.5181
0	0.7696	6.5435	31.5196
+0.1	0.7698	7.3653	31.5203
+0.2	0.7700	9.0466	31.5211
+0.3	0.7702	10.7278	31.5218
+0.4	0.7704	12.4089	31.5226

表 5-16 中，+ 号表示向前移动，− 号表示向后移动 (沿着波束传播的方向)。从上面的结果也可以看出，轴向的假设误差对幅度扰动和交叉极化隔离度的影响较小，而对相位扰动的影响非常大。这主要是因为轴向移动镜子后镜子仍然是对称的，对后面的幅度影响比较小。80GHz 的波长是 3.75mm，轴向移动 0.4mm 对相位的影响会比较大。这个结论和第一副反射镜是一致的。

5.3.2　双格雷戈里紧缩场天线测量系统的灵敏度分析

在已设计完成的双格雷戈里紧缩场天线测量系统基础上，分别将主反射镜半径增加或减小 5cm、2.5cm，并利用专业电磁仿真软件 GRASP 对其进行仿真，得到如下仿真结果，如表 5-17 ~ 表 5-20 所示。

表 5-17　　双格雷戈里三反射紧缩场天线测量系统主反射镜半径减小 5cm 出射场参数

指标	设计仿真结果	
工作频段	100GHz	200GHz
"静区" 幅度扰动	5.56dB	3.0dB
"静区" 相位扰动	271.3°	359.2°
交叉极化隔离度	42.88dB	40.7dB

表 5-18　　双格雷戈里三反射紧缩场天线测量系统主反射镜半径增大 5cm 出射场参数

指标	设计仿真结果	
工作频段	100GHz	200GHz
"静区" 幅度扰动	5.61dB	2.99dB
"静区" 相位扰动	271.7°	359.7°
交叉极化隔离度	36.1dB	39.6dB

表 5-19　双格雷戈里三反射紧缩场天线测量系统主反射镜半径增大 2.5cm 出射场参数

指标	设计仿真结果	
工作频段	100GHz	200GHz
"静区" 幅度扰动	5.33dB	5.61dB
"静区" 相位扰动	359.3°	268°
交叉极化隔离度	40.7dB	35.8dB

表 5-20　双格雷戈里三反射紧缩场天线测量系统主反射镜半径减小 2.5cm 出射场参数

指标	设计仿真结果	
工作频段	100GHz	200GHz
"静区" 幅度扰动	3.39dB	4.39dB
"静区" 相位扰动	359.6°	268.4°
交叉极化隔离度	36.1dB	42.1dB

由表 5-17 ~ 表 5-20 可见，主反射镜半径大小的变化对系统性能的影响很大，由于半径的改变导致球心位置的偏移，影响了光的传播路径，造成巨大的相位抖动，在系统加工过程中，要优先考虑该参数的加工精度。另外，主反射镜半径的改变也会造成幅度小幅度的恶化。

在已设计完成的双格雷戈里紧缩场天线测量系统基础上，分别将主反射镜口径大小增加或减小 0.5mm、1mm，并利用专业电磁仿真软件 GRASP 对其进行仿真，得到如下仿真结果，如表 5-21 ~ 表 5-24 所示。

表 5-21　双格雷戈里三反射紧缩场天线测量系统主反射镜大小减小 1mm 出射场参数

指标	设计仿真结果	
工作频段	100GHz	200GHz
"静区" 幅度扰动	3.73dB	2.53dB
"静区" 相位扰动	27.3°	16.7°
交叉极化隔离度	38.6dB	42.3dB

表 5-22　双格雷戈里三反射紧缩场天线测量系统主反射镜大小增大 1mm 出射场参数

指标	设计仿真结果	
工作频段	100GHz	200GHz
"静区" 幅度扰动	3.63dB	2.43dB
"静区" 相位扰动	29.8°	17.3°
交叉极化隔离度	38.7dB	42.3dB

表 5-23　双格雷戈里三反射紧缩场天线测量系统主反射镜大小增大 0.5mm 出射场参数

指标	设计仿真结果	
工作频段	100GHz	200GHz
"静区" 幅度扰动	3.65dB	2.4dB

指标	设计仿真结果	
"静区"相位扰动	29.3°	17.4°
交叉极化隔离度	38.7dB	42.3dB

表 5-24　双格雷戈里三反射紧缩场天线测量系统主反射镜大小减小 0.5mm 出射场参数

指标	设计仿真结果	
工作频段	100GHz	200GHz
"静区"幅度扰动	3.7dB	2.51dB
"静区"相位扰动	28.0°	17.1°
交叉极化隔离度	38.6dB	42.3dB

由表 5-21 ～ 表 5-24 可见，主反射镜大小的微小改变对整个系统性能的影响不大，在系统的加工过程中，微小的加工误差是可以接受的。

在设计完成的双格雷戈里紧缩场天线测量系统基础上，分别将第一副反射镜口径大小增加或减小 1.5mm、3mm，并利用专业电磁仿真软件 GRASP 对其进行仿真，得到如下仿真结果，如表 5-25 ～ 表 5-28 所示。

表 5-25　双格雷戈里三反射紧缩场天线测量系统第一副反射镜大小减小 3mm 出射场参数

指标	设计仿真结果	
工作频段	100GHz	200GHz
"静区"幅度扰动	3.85dB	2.23dB
"静区"相位扰动	31.1°	19.9°
交叉极化隔离度	38.4dB	42.4dB

表 5-26　双格雷戈里三反射紧缩场天线测量系统第一副反射镜大小增大 3mm 出射场参数

指标	设计仿真结果	
工作频段	100GHz	200GHz
"静区"幅度扰动	3.55dB	2.04dB
"静区"相位扰动	24.9°	21.3°
交叉极化隔离度	38.4dB	42.7dB

表 5-27　双格雷戈里三反射紧缩场天线测量系统第一副反射镜大小增大1.5mm出射场参数

指标	设计仿真结果	
工作频段	100GHz	200GHz
"静区"幅度扰动	3.6dB	2.26dB
"静区"相位扰动	26.5°	20.3°
交叉极化隔离度	38.5dB	42.3dB

表 5-28 双格雷戈里三反射紧缩场天线测量系统第一副反射镜大小减小1.5mm出射场参数

指标	设计仿真结果	
工作频段	100GHz	200GHz
"静区" 幅度扰动	3.7dB	2.43dB
"静区" 相位扰动	30.2°	17.9°
交叉极化隔离度	38.6dB	42.2dB

由表 5-25 ~ 表 5-28 可见，第一副反射镜大小的微小改变对整个系统性能的影响不大，在系统的加工过程中，微小的加工误差是可以接受的。

在已设计完成的双格雷戈里紧缩场天线测量系统基础上，分别将第二副反射镜口径大小增加或减小 1.5mm、3mm，并利用专业电磁仿真软件 GRASP 对其进行仿真，得到如下仿真结果，如表 5-29 ~ 表 5-32 所示。

表 5-29 双格雷戈里三反射紧缩场天线测量系统第二副反射镜大小减小 3mm 出射场参数

指标	设计仿真结果	
工作频段	100GHz	200GHz
"静区" 幅度扰动	4.1dB	2.4dB
"静区" 相位扰动	33.6°	16.3°
交叉极化隔离度	41.1dB	42.5dB

表 5-30 双格雷戈里三反射紧缩场天线测量系统第二副反射镜大小增大 3mm 出射场参数

指标	设计仿真结果	
工作频段	100GHz	200GHz
"静区" 幅度扰动	4.29dB	2.4dB
"静区" 相位扰动	33.6°	16.7°
交叉极化隔离度	42.4dB	42.3dB

表 5-31 双格雷戈里三反射紧缩场天线测量系统第二副反射镜大小增大1.5mm出射场参数

指标	设计仿真结果	
工作频段	100GHz	200GHz
"静区" 幅度扰动	3.8dB	3.78dB
"静区" 相位扰动	32.4°	39.9°
交叉极化隔离度	39.9dB	32.4dB

表 5-32 双格雷戈里三反射紧缩场天线测量系统第二副反射镜大小减小1.5mm出射场参数

指标	设计仿真结果	
工作频段	100GHz	200GHz
"静区" 幅度扰动	3.9dB	2.51dB
"静区" 相位扰动	28.2°	16.4°
交叉极化隔离度	38.7dB	42.3dB

由表 5-29 ～ 表 5-32 可见，第二副反射镜大小的微小改变对整个系统性能的影响不大，在系统的加工过程中，微小的加工误差是可以接受的。

在已设计完成的双格雷戈里紧缩场天线测量系统基础上，改变镜面之间的距离，分别将馈源、第一副反射镜、第二副反射镜、主反射镜正向或负向移动 1mm、0.5mm，并利用专业电磁仿真软件 GRASP 对其进行仿真，得到如下仿真结果，如表 5-33 ～ 表 5-48 所示。

表 5-33　双格雷戈里三反射紧缩场天线测量系统馈源负向移动 1mm 出射场参数

指标	设计仿真结果	
工作频段	100GHz	200GHz
"静区" 幅度扰动	3.92dB	2.91dB
"静区" 相位扰动	33.4°	33.7°
交叉极化隔离度	38.7dB	38.8dB

表 5-34　双格雷戈里三反射紧缩场天线测量系统馈源正向移动 1mm 出射场参数

指标	设计仿真结果	
工作频段	100GHz	200GHz
"静区" 幅度扰动	3.96dB	2.88dB
"静区" 相位扰动	35.8°	32.0°
交叉极化隔离度	38.9dB	40.0dB

表 5-35　双格雷戈里三反射紧缩场天线测量系统馈源正向移动 0.5mm 出射场参数

指标	设计仿真结果	
工作频段	100GHz	200GHz
"静区" 幅度扰动	3.95dB	2.88dB
"静区" 相位扰动	35.2°	31.7°
交叉极化隔离度	38.8dB	39.7dB

表 5-36　双格雷戈里三反射紧缩场天线测量系统馈源负向移动 0.5mm 出射场参数

指标	设计仿真结果	
工作频段	100GHz	200GHz
"静区" 幅度扰动	3.93dB	2.87dB
"静区" 相位扰动	34.0°	33.1°
交叉极化隔离度	38.8dB	39.1dB

表 5-37　双格雷戈里三反射紧缩场天线测量系统第一副反射镜负向移动 1mm 出射场参数

指标	设计仿真结果	
工作频段	100GHz	200GHz
"静区" 幅度扰动	4.02dB	2.97dB
"静区" 相位扰动	40.3°	40.9°
交叉极化隔离度	39.5dB	40.0dB

表 5-38　双格雷戈里三反射紧缩场天线测量系统第一副反射镜正向移动 1mm 出射场参数

指标	设计仿真结果	
工作频段	100GHz	200GHz
"静区"幅度扰动	3.89dB	2.87dB
"静区"相位扰动	30.2°	34.7°
交叉极化隔离度	38.1dB	38.8dB

表 5-39　双格雷戈里三反射紧缩场天线测量系统第一副反射镜正向移动0.5mm出射场参数

指标	设计仿真结果	
工作频段	100GHz	200GHz
"静区"幅度扰动	3.9dB	2.87dB
"静区"相位扰动	31.7°	33.5°
交叉极化隔离度	38.5dB	39.1dB

表 5-40　双格雷戈里三反射紧缩场天线测量系统第一副反射镜负向移动0.5mm出射场参数

指标	设计仿真结果	
工作频段	100GHz	200GHz
"静区"幅度扰动	3.97dB	2.88dB
"静区"相位扰动	37.5°	35.7°
交叉极化隔离度	39.2dB	39.7dB

表 5-41　双格雷戈里三反射紧缩场天线测量系统第二副反射镜负向移动 1mm 出射场参数

指标	设计仿真结果	
工作频段	100GHz	200GHz
"静区"幅度扰动	4.02dB	2.97dB
"静区"相位扰动	40.3°	40.9°
交叉极化隔离度	39.5dB	40.0dB

表 5-42　双格雷戈里三反射紧缩场天线测量系统第二副反射镜正向移动 1mm 出射场参数

指标	设计仿真结果	
工作频段	100GHz	200GHz
"静区"幅度扰动	3.90dB	3.1dB
"静区"相位扰动	38.9°	38.4°
交叉极化隔离度	39.4dB	39.2dB

表 5-43　双格雷戈里三反射紧缩场天线测量系统第二副反射镜正向移动0.5mm出射场参数

指标	设计仿真结果	
工作频段	100GHz	200GHz
"静区" 幅度扰动	3.9dB	3.0dB
"静区" 相位扰动	36.8°	34.5°
交叉极化隔离度	39.1dB	39.3dB

表 5-44　双格雷戈里三反射紧缩场天线测量系统第二副反射镜负向移动0.5mm出射场参数

指标	设计仿真结果	
工作频段	100GHz	200GHz
"静区" 幅度扰动	3.96dB	2.78dB
"静区" 相位扰动	32.5°	33.2°
交叉极化隔离度	38.5dB	39.5dB

表 5-45　双格雷戈里三反射紧缩场天线测量系统主反射镜负向移动 1mm 出射场参数

指标	设计仿真结果	
工作频段	100GHz	200GHz
"静区" 幅度扰动	3.78dB	3.18dB
"静区" 相位扰动	36.1°	32.9°
交叉极化隔离度	39.1dB	39.6dB

表 5-46　双格雷戈里三反射紧缩场天线测量系统主反射镜正向移动 1mm 出射场参数

指标	设计仿真结果	
工作频段	100GHz	200GHz
"静区" 幅度扰动	4.09dB	2.7dB
"静区" 相位扰动	33.1°	33.0°
交叉极化隔离度	38.5dB	39.2dB

表 5-47　双格雷戈里三反射紧缩场天线测量系统主反射镜正向移动 0.5mm 出射场参数

指标	设计仿真结果	
工作频段	100GHz	200GHz
"静区" 幅度扰动	4.02dB	2.76dB
"静区" 相位扰动	33.9°	32.6°
交叉极化隔离度	38.7dB	39.3dB

表 5-48　双格雷戈里三反射紧缩场天线测量系统主反射镜负向移动 0.5mm 出射场参数

指标	设计仿真结果	
工作频段	100GHz	200GHz
"静区" 幅度扰动	3.85dB	3.03dB
"静区" 相位扰动	35.4°	32.0°
交叉极化隔离度	38.9dB	39.5dB

由表 5-33 ∼ 表 5-48 可见，馈源以及各反射镜的移动都会造成静区性能一定程度的恶化，并且随频率升高对静区相位抖动影响越大，在加工以及安装系统过程中需注意这些参数对系统的影响。

第6章 微波暗室与射频系统

微波暗室，也称为无回波室、吸波室、电波暗室。当电磁波入射到墙面、天棚、地面时，绝大部分电磁波被吸收，而透射、反射极少。微波也有光的某些特性，借助光学暗室的含义，故取名为微波暗室。暗室是采用吸波材料和金属屏蔽体组建的特殊房间，它提供人为空旷的"自由空间"条件。在暗室内作天线、雷达等无线通信产品和电子产品测试可以免受杂波干扰，提高被测设备的测试精度和效率。随着电子技术的日益发展，微波暗室被更多的人了解和应用。

微波暗室就是用吸波材料来制造一个封闭空间，这样就可在暗室内制造出一个纯净的电磁环境，以方便排除外界电磁干扰。

微波暗室的主要工作原理是根据电磁波在介质中从低磁导向高磁导方向传播的规律，利用高磁导率吸波材料引导电磁波，通过共振，大量吸收电磁波的辐射能量，再通过耦合把电磁波的能量转变成热能。

6.1 远场暗室

微波暗室是模拟电磁波在自由空间传播的环境，在有限的暗室空间内，要通过对暗室空间内壁铺设吸波材料，对入射电磁波进行无反射的吸收，从而营造一个人造的无反射空间。远场暗室主要由屏蔽室、屏蔽门、波导窗、吸波材料、照明装置、空调、电力系统、监控等组成，如图6-1所示。

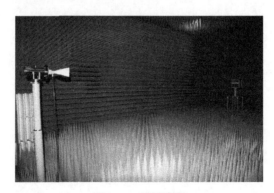

图 6-1 远场暗室

微波暗室与室外场相比，具有工作频带宽；全天候工作；受外界电磁干扰小；

由于屏蔽隔离,保密性好;测试环境优越;结构简单,建造容易,节省电缆等优点。相比室外场的缺点为:测试距离有限,造价昂贵;低频情况下衍射严重,性能较差。

6.2 近场暗室

由于天线测试要满足远场辐射条件 $R \geqslant 2D^2/\lambda$,所以对于大口径的天线或阵列天线,测量距离很大,超出了暗室的尺寸。一般我们采用天线近场测量,然后对近场测试结果进行积分,计算出远场分布。近场测量速度快,精度高,并且对暗室性能、空间尺寸要求不高,因此近年来发展迅速。近场暗室示意图如 6-2 所示。

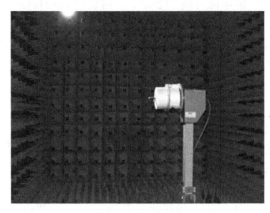

图 6-2 近场暗室

6.3 吸波材料

微波暗室材料可以是一切吸波材料,主要材料是聚氨酯吸波海绵 SA(高频使用),另外测试电子产品电磁兼容性时,由于频率过低也会采用铁氧体吸波材料。

性能优良的暗室在其静区内主要是辐射源的直达波,可以忽略暗室六面产生的反射波,从而使暗室达到模拟自由空间的目的。吸波材料的作用是降低电磁辐射源在暗室中各个面上的反射率,使各个面上的反射波功率小到在暗室静区范围内不影响试验所要求的精度。因此,吸波材料是保证电波暗室技术性能的主要材料,其电性能对暗室的静区特性起着决定性作用,物理性能也直接影响着暗室的结构和安全使用。

吸波材料特点:

(1) 提高近远场系统测试电磁环境整体性能。使用优质的吸波材料,保证暗室电性能优良、使用安全性高、持久耐用。

(2) 暗室可视性强。吸波材料美观大方，材料布局在满足使用性能的前提下，整体效果和谐美观。吸波材料安装整齐，一致性好。

(3) 功能人性化。附件的设计上，充分考虑测试人员的安全、便捷，以便提高工作效率。

(4) 满足微波暗室的功能和性能指标。

(5) 测试空间最大化。

(6) 最优性价比。

(7) 注重环保性。

吸波材料是构成无线电测试所需要的反射空间的核心部分，其设计方案需要综合考虑产品对测试场地电磁环境的要求，又需要考虑项目建设的成本和美观、实用等问题。

微波吸收材料能够吸收一定频率的电磁波，对照射其上的电磁波具有明显的衰减特性，吸收材料最主要的性能参数是电平反射率。微波暗室是模拟自由空间测试环境的主要手段，吸收材料是微波暗室的核心部件，它的性能对暗室性能起着极其重要的作用。

吸收材料吸收电磁波的基本要求主要有两条：

(1) 入射电磁波最大限度地进入材料内部，而不是在其表面就被反射，即要求材料的表面阻抗匹配；

(2) 进入吸收材料内部的电磁波能迅速被衰减掉，即材料的衰减特性。

如果电磁波全部或部分透入材料内部传输至某一位置时产生反射，并离开前表面进入大气，出现部分反射，则在产生反射处属于匹配不当；如果入射电磁波不能透入材料内部，在表面或近表面层产生反射返回到大气中，这种情形属于不匹配。可见，电磁波与材料相互作用时，能够产生反射以及反射的量的大小和程度是与阻抗匹配密切相关的，这一问题的实质是电磁波通道或路径是否畅通的问题。

聚氨酯泡沫经过发泡后，材料成为由众多开放式空心管式孔构成的复杂型腔。由于泡沫本身具有和空气非常接近的介电常数，这样就确保材料表面可以具有较低的反射。同时在泡沫型材料内部均一地分布了吸收剂，也确保电磁波在材料内部可以得到充分的损耗，从而保证材料可以达到一个良好的吸收性能，所以泡沫型吸收材料自从被开发出来至今，仍然是被广泛使用的，而且目前为止是被认为性能最好的暗室用吸收材料。

其阻抗建模如图 6-3 所示，并可以用公式表示为

$$Z_{\text{in}}(i) = K_r \frac{Z_{\text{in}}(i-1) + K_r \tanh(\gamma_r s_i)}{K_r + Z_{\text{in}}(i-1) \tanh(\gamma_r s_i)} \tag{6-1}$$

$$K_r = \sqrt{\frac{\text{j}\omega\mu_r}{\sigma + \text{j}\omega\varepsilon_r}} \tag{6-2}$$

$$\gamma_r = \sqrt{\mathrm{j}\omega\mu_r(\sigma + \mathrm{j}\omega\varepsilon_r)} \tag{6-3}$$

其中, s_i 为第 i 层吸收材料面积。

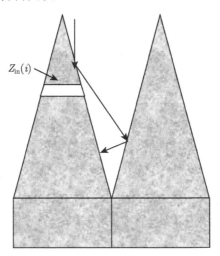

图 6-3　吸收材料工作原理图

　　国内外微波暗室使用的吸波材料主要有聚氨酯泡沫实心吸波材料、聚氨酯空心吸波材料和铁氧体吸波材料。按照用户的要求, 本暗室采用 SA 型聚氨酯实心角锥吸波材料作为吸波材料主要用料, 辅材选用特殊吸波材料。SA 型泡沫角锥, 以高密度、全开孔、优质聚氨酯泡沫为载体, 浸渍炭黑与阻燃而成, 如图 6-4 所示。由于体向均匀吸收的特性, 电磁波在内部也有很大的损耗。

图 6-4　聚氨酯角锥吸波材料 (SA 型) 外观效果图

SA 型泡沫角锥吸波材料由聚氨酯软泡沫浸渍炭黑制成, 在较宽频率范围内具有良好的垂直入射、斜入射、散射和透射衰减性能。当材料厚度和工作波长之比 d/λ 为 0.4、1、2.5 和 8 时，垂直入射的反射率 RW 分别达到 -20dB、-30dB、-40dB 和 -50dB。斜入射一般在入射角 30° 内，RW 变化不大，60° 时 RW 比垂直入射时高 10~15dB，其散射电平也很低。表 6-1 给出了不同入射角情况下的吸波性能。

表 6-1　材料垂直及宽角入射吸波性能

材料厚度 d/工作波长 λ	特定入射角反射率/dB		
	0°	60° 垂直极化	60° 水平极化
0.25	15	11	7
0.5	20	16	11
1	30	20	15
2	40	30	23
6	50	42	33
20	55	50	43

材料的参数与波长的对应关系如图 6-5 所示。

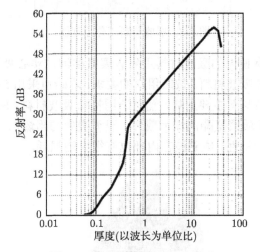

图 6-5　吸波性能与电尺寸关系

分析和实测结果表明：SA 吸波材料具有良好的微波宽带吸收性能，能满足用户的技术指标需求。

6.4　暗室性能指标参数及其物理含义

(1) 静区范围：被测天线 (或被测目标) 所处的区域范围，其区域大小，应是在使用频率范围内，被测天线的最大口径或被测目标的大小。静区范围一般指一个体积区域：或长方体，或圆柱体，或球体；有时也可以是一个与暗室纵轴垂直的平面。

这个平面应略大于被测天线口面，或说体积应略大于被测目标的体积。所谓静区是暗室反射干扰最小的区域，也就是说从暗室内壁各部位的反射能量到达这一区域最小，于是把该区域称为静区，也称静度。反射、干扰最小称为"静"。

(2) 静区反射电平：定义在静区内 (被测天线处)，从暗室中各个墙壁各个部位反射到达静区内的能量总和 (实际上是反射波的振幅、相位矢量和) 与沿暗室轴线入射到静区内的直达波能量，二者之比的对数，称为静反射电平。无限的自由空间只有直达波，无反射波。

(3) 静区反射电平为零 (0)，好的暗室静区反射电平做到 −60dB 可把 1/106 近似看为 0。所以说静区反射电平越低，模拟自由空间的程度越高。场的幅值均匀性：在暗室静区，沿轴线方向移动待测天线，接收信号起伏一般不超过 ±2dB(起伏大小与移动距离长短有关) 横向、上、下移动待测天线，一般要求接收信号起伏在 ±0.3dB 范围内。

(4) 多路径损耗：它反映不同极化波的不同传输特性，该特性对圆极化测量十分重要，如果暗室多路径损耗不一样，发射的是圆极化波，但到接收处变为椭圆极化波，多路径损耗可做到在 ±0.3dB 范围内，个别点 ±0.5dB。

(5) 交叉极化度：定义为线极化波传输时，接收处的合成场在同极化和正交方向二分量之比的对数，它由暗室几何尺寸不严格对称，吸波材料对各种极化波吸收性能不一致引起。这要求吸波材料对垂直极化波和水平极化波的吸收性能要接近一致，另外在测量交叉极化特性时必须选用交叉极化特性高的收发天线。如果收发天线本身固有的交叉极化不到 −30dB，在暗室中不可能测出好于 −30dB 的交叉极化。

6.5　暗室设计实例

6.5.1　设计原则

性能优良的暗室在其静区内主要是辐射源的直达波，可以忽略暗室六面产生的反射波，从而使暗室达到模拟自由空间的目的。吸波材料的作用是降低电磁辐射源在暗室中各个面上的反射率，使各个面上的反射波功率小到在暗室静区范围内不影响试验所要求的精度。因此，吸波材料是保证电波暗室技术性能的主要材料，其电性能对暗室的静区特性起着决定性作用，物理性能也直接影响着暗室的结构和使用安全。

吸波材料设计的主体原则如下：

(1) 提高近远场系统测试电磁环境整体性能。使用优质的吸波材料，保证暗室电性能优良、使用安全性高、持久耐用。

(2) 暗室可视性强。吸波材料美观大方，材料布局在满足使用性能的前提下，整体效果和谐美观。吸波材料安装整齐，一致性好。

(3) 功能人性化。附件的设计上，充分考虑测试人员的安全、便捷，以便提高工作效率。

(4) 满足微波暗室的功能和性能指标。

(5) 测试空间最大化。

(6) 最优性价比。

(7) 注重环保性。

6.5.2　执行的标准

微波暗室吸波材料设计与实施除执行实验室建筑、安防、消防等国家标准外，须执行以下标准：

(1) GJB2038—2011《雷达吸波材料反射率测试方法》；

(2) GJB5239—2004《射频吸波材料吸波性能测试方法》；

(3) GJB6087—2009《暗室性能测试方法》；

(4) HB7043—1994《射频无反射室防火安全大纲》。

6.5.3　材料选择和布置方案

吸波材料的选择是根据暗室的用途、频段、形状、材料吸收性能、价格、重量、外形尺寸等多方面因素选定的。吸收材料的高度与所对应的入射波的波长、测试静区所希望达到的精度有关，一般说来，频率越低所需要材料越高，精度越高。选用前必须对吸波材料电性能进行测试，确保设计基础可靠。一般在保证电性能的前提下尽量选择角锥高度较低的材料，尽量扩大暗室净空尺寸。

对于满足 100~300GHz 测试频率，采用 SA-100 聚氨酯角锥吸波材料。这种材料的电性能参数见表 6-2。

表 6-2　SA-100 聚氨酯角锥吸波材料的吸收性能

型号	厚度/mm	在一定频率范围 (GHz) 下垂直入射的最大反射率/dB							尺寸/mm
		4	15	10	5	3	1.5	0.5	
SA-100	100	−50	−45	−40	−35	−30	−20	−13	500×500

6.5.4　吸波材料的安装方案

吸波材料安装在屏蔽室内部的所有面上，包括四面墙体、地面和顶面。所有吸波材料将采用物理挂装方式进行安装，便于今后的搬迁和升级。采用挂装方式安装的优点：

(1) 安装方便快捷，施工周期短。

(2) 便于材料更换、调整，实现了材料拆、搬、移动的方便性。

(3) 安装过程无胶黏剂，无有毒刺激性气体挥发，有效地保证了暗室的工作环境。

(4) 安装结束即可投入使用。

6.5.5　四侧墙面及顶面

吸波材料采用粘贴安装方式，在腔体内侧折弯内安装钢龙骨，然后安装一层 3mm 厚的木板，保证屏蔽室内部平整光滑，然后采用环保胶水将吸波材料整齐地粘贴在墙面和顶面上，形成吸波墙体的吸波阵面。经多项工程验证，此方案坚固可靠，施工方便，角锥排列整齐、美观。

6.5.6　地面

地面吸波材料直接摆放在地面上。考虑到经常搬运，地面吸波材料采用托盘式设计，可保证经常移动不变形，不易折损，不会碳粉脱落及掉渣，保证良好的暗室使用环境。

6.5.7　特殊部位吸波材料的安装

暗室内有拐角、照明、通风、进出管线及门等特殊部位，这些部位的吸波材料需作特殊处理，在保证电性能不受影响的前提下，妥善处理安装与性能的矛盾。我们采用专门设计生产的特殊材料与之相匹配，达到美观、实用的效果。

1) 拐角

在暗室两个矩形面相连接的部位也就是拐角处，综合考虑暗室性能和建造成本，本暗室的拐角通过高度稍低的材料及高功率薄片进行转角过渡，如图 6-6 所示。

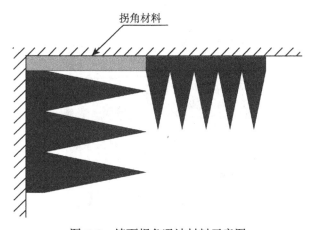

图 6-6　墙面拐角吸波材料示意图

2) 照明灯

照明灯处的吸波材料形似一个吸波灯罩，可在安装现场加工配套。照明灯处吸波材料结构示意图如图 6-7 所示。

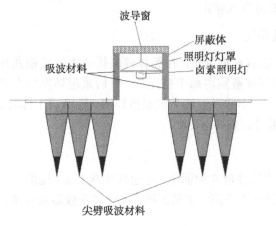

图 6-7　照明灯处的吸波材料

3) 进出管线

进出管线等特殊部件一般均位于暗室较为隐蔽的地方，对暗室电性能没有太大影响。此处安装特殊处理后的吸波材料既美观又不影响使用。

4) 走道材料

为了方便人员进出，从入门处沿侧墙吸波材料边缘分别到发射天线和转台处，铺设多层平板型走道材料，该材料质轻，便于移动，可承受 200kg/m² 的质量比，稳定性强，完全满足工作人员的行走方便，如图 6-8 所示。由于走道型吸波材料反射率较正常吸波材料吸收性能稍差，因此应当铺设在非主要反射区域，以保证暗室的整体性能。

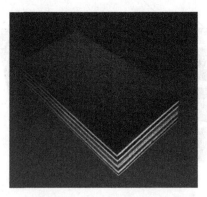

图 6-8　多层平板型走道材料

5) 门上吸波材料的安装

对于暗室的门，则采用平头泡沫角锥吸波材料。门框边缘粘贴平板泡沫吸波材料，进一步降低缝隙的反射。门上吸波材料具有 10° 倾角，如图 6-9 所示。

图 6-9　屏蔽门吸波材料示意图

6) 转台、天线支架吸波材料的安装

暗室内存在的反射面，如天线支架、转台等管线，根据用处不同和设备的实际结构而采用不同的方法，可采用吸波材料包裹法和吸波屏风隔离法进行处理，以减少对测试静区的影响。

对于转台，根据暗室转台的实际使用情况，对转台基座部分采用吸波屏风隔离法，在转台和源天线间加装适当面积的可移动吸波屏风；对天线支架和转台上面部分的天线支架部位采用吸波材料包裹法。

某些较小的不规则物体，采用吸波材料进行包裹。可以使用的材料有：矮的泡沫角锥、泡沫多层平板、泡沫单层平板、橡胶平板、橡胶圆锥等，如图 6-10 所示。

(a)　　　　　　　　　　　　　　　　　　(b)

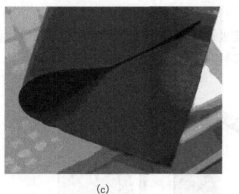

(c)　　　　　　　　　　　　　　　　　　　(d)

图 6-10　各种吸波材料

(a) 矮的 SA 型角锥 (厚度 < 100mm); (b) FRT/FRC 过滤海绵平板; (c) RAT 型橡胶平板; (d) RAC 型
橡胶圆锥

7) 通风窗吸波材料的安装

通风系统设计成通风管道与波导窗软连接的方式, 通风窗吸波防护特型吸波
材料紧固在波导窗的另一面, 兼顾通风和吸波性能, 如图 6-11 所示。

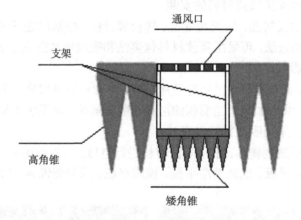

图 6-11　吸波通风材料示意图

6.5.8　通风波导窗

(1) 通风波导窗的尺寸为 300mm×300mm, 设计频率范围为 10kHz~18GHz, 在
设计频率范围内屏蔽效能与暗室一致。

(2) 暗室安装数量 6 个, 控制室安装数量 6 个, 均采用上进风、上出风设计。

(3) 保证在风速不大于 5m/s 的情况下, 暗室换气量为 5 次/h。

(4) 波导窗装有连接法兰, 用于与空调系统管道连接 (空调系统由用户提供)。

6.5.9 接地

暗室和控制室采用单点接地，接地电阻小于 1Ω。在完成腔体施工后，会通过腔体上专用的接地装置与建筑体接地进行良好电连接，保证搭接电阻足够小。

6.6 毫米波测试仪器

6.6.1 目前主流毫米波测试方案介绍

毫米波 (通常定义为 30~300GHz) 和太赫兹 (通常定义为 300GHz~3THz) 近年来逐渐成为研究的热点，而目前的各类基础仪器，主要集中在 67GHz 以下，为了解决毫米波和太赫兹的测试与应用需求，矢网扩频技术也得到了广泛的应用和发展。就覆盖的频段而言，矢网扩展已经可以覆盖到 1.1THz，信号分析和信号源都能够覆盖到 1.7THz，功率测试覆盖到 2THz；某些特定的窄带方案已经可以达到 3THz 应用。

目前国际上提供毫米波频段测量器件及矢网扩展模块的厂商主要包括美国 OML(Oleson Microwave Lab) 公司、VDI(Virginia Diode, Inc.) 公司，爱尔兰 Farran 公司，以及德国 RPG 公司，可以搭配 Agilent、安立以及 R&S(Rohde & Schwarz) 等公司的产品。国内的中国电子科技集团公司第四十一研究所，也已经推出了其覆盖至 325GHz 的矢网、信号源与信号分析模块。

矢网扩展的技术实现方案：

毫米波和太赫兹扩展的技术实现基本上基于混频器和倍频器，这类器件过去 30 年来取得了许多进步，但基本原理并没有变化。具体到矢网扩展模块上，主要有两种实现方式：在 Tx 发射模块，有高次倍频和多级倍频两种方案；在 Rx 接收模块，有高次谐波混频和二次谐波 (基波) 混频两种方案。分别以 OML 和 VDI 为典型。

1) OML 的高次倍频和高次谐波混频实现方案

OML 限于市场上的混频器件的技术水平，因而采用高次谐波混频的方式得到测量中频信号。因而变频损耗大，得到的中频信号电平值低，相应的动态范围也很小。此外，由于缺乏高效的倍频模块，只能采取一级高次倍频的模式得到高频信号，所以测试端口的输出信号电平低。同样频率下，OML 信号输出相比于 VDI 要低 3~10dB。

2) VDI 的实现方案

VDI 的扩频模块采用了与 OML 不同的混频接收系统，依靠自身制造的高性能次谐波混频器，VDI 的所有接收通道都采用次谐波混频倍频链得到测量中频和参考中频，这样得到的中频信号损耗小，噪声温度低，动态范围高。同时射频输出通道的频率通过二倍频器和三倍频器逐级倍频 (AMC) 得到，而不采用四次以上的高次倍频器，目的是得到更高的测试输出功率。

6.6.2 紧缩场天线测试系统工作原理

1. 不同频段的测试系统介绍

1~20GHz 紧缩场天线测试系统的工作原理为：主控计算机通过 LAN 总线控制矢量网络分析仪和信号源，在其控制下，发射源产生的激励信号首先耦合出来一部分送到接收端口中并作为其参考信号，主路信号送进发射馈源天线，信号经反射面转换为平面波辐射，待测接收天线接收到的信号送到接收端口中并作为其测试信号。主控计算机通过 LAN 总线接口读取系统测试结果并经系统软件处理，得到待测天线的幅相信息，再通过配合转台等天线测试辅助设备，可实现天线方向图特性的测试。

20~40GHz 紧缩场天线测试系统的工作原理为：主控计算机通过 LAN 总线控制矢量网络分析仪和信号源，在其控制下，发射源产生的激励信号首先耦合出来一部分送到接收模块 (参考) 中并作为其参考信号，主路信号送进发射馈源天线，信号经反射面转换为平面波辐射，待测接收天线接收到的信号送到接收模块 (测试)中并作为其测试信号。矢量网络分析仪为接收模块提供相对应的本振信号，通过接收模块中的混频器，将接收到的信号变换为中频信号，矢量网络分析仪对接收到的中频信号进行处理，主控计算机通过 LAN 总线接口读取系统测试结果并经系统软件处理，得到待测天线的幅相信息，再通过配合转台等天线测试辅助设备，可实现天线方向图特性的测试。

50~325GHz 紧缩场天线测试系统的工作原理为：主控计算机通过 LAN 总线控制矢量网络分析仪和信号源，在其控制下，发射源 (发射模块) 产生的激励信号送进发射馈源天线，信号经反射面转换为平面波辐射，待测接收天线接收到的信号送到接收模块 (测试) 中并作为其测试信号。矢量网络分析仪为接收模块和发射模块提供相对应的本振信号，通过模块中的混频器，将接收到的信号变换为中频信号，矢量网络分析仪对接收到的中频信号进行处理，主控计算机通过 LAN 总线接口读取系统测试结果并经系统软件处理，得到待测天线的幅相信息，再通过配合转台等天线测试辅助设备，可实现天线方向图特性的测试。

2. 组成紧缩场天线测试系统的主要部分及其功能

1) 微波毫米波信号的产生与发射单元

微波毫米波信号的产生与发射单元主要由发射模块、馈源等部分组成，其中，发射模块作为发射源，为整个测试系统提供激励信号。为了弥补传输电缆引起的传输损耗和电磁波在空间的传输损耗，可以一方面选用较大增益的馈源，另一方面增大发射源的输出功率。

2) 微波毫米波信号的接收与分析单元

微波毫米波信号的接收与分析单元主要有待测天线、微波毫米波扩频装置。具体工作原理如下：转台控制器控制转台旋转，在转台旋转到位的情况下，转台控制器的接头发出触发脉冲，在触发脉冲的控制下，接收并测量来自微波毫米波扩频装置的中频信号，对中频信号进行放大、滤波，再进行二次混频与滤波，提取矢量信号的实部和虚部，然后分别变换成数字信号，进行数字信号处理、误差修正、提取被测参数和图形显示等功能。在天线测试系统中，随着被测物体的旋转，可测量出主瓣、旁瓣和零功率点。接收机的动态范围决定了主瓣和零功率点之间的最大差值，其检测灵敏度决定了零功率点的检测能力。

3) 测试转台及控制器

被测物体安装在测试转台上，能够随着一个或多个轴旋转，以测量不同方向上的响应信号。转台控制器通过 LAN 总线与主控计算机相连，在主控计算机的控制下与整个测试系统保持同步。测试转台需要提供脉冲触发输出信号，测试转台由用户提供。

4) 微波暗室

微波暗室外屏蔽、内吸波，在暗室使用区有良好的静空环境，可以在很宽的频段内得到相当稳定的信号电平，具有全天候测试和保密功能，对昂贵的待测设备和测量仪表具有保护作用，加装屏蔽后能避免外界电磁干扰和对测试人员进行保护。因此，微波暗室是一种优越的电磁测量环境。

5) 主控计算机及测量控制软件

主控计算机虽然不参与系统锁相，但它是整个测试系统的控制中心和数据处理中心。它通过 LAN 接口控制测试仪器、转台控制器等设备，使数据测量系统协调工作。在主控计算机的协调下，系统进行数据采集，同时计算机获取测量数据并进行存储，通过主控计算机中的数据处理软件提取出测量参数并进行数据处理，可以得到被测物体的各个参数。

6) 软件技术方案

微波毫米波紧缩场天线测试系统软件平台是实现平台开放、灵活和最大限度通用的关键。因此在软件设计的开始，就应正确选择软件的运行环境和开发环境，可采用 NI 公司的 LabWindows/LabVIEW 作为软件开发平台，这是一个将功能强大、使用灵活的 C/G 语言平台与用于数据采集、分析和表达的测控专业工具有机结合的软件开发环境，是建立检测系统、自动测试环境、数据采集系统和过程监控系统的理想开发环境。

6.7　暗 室 整 体

暗室的整体布局如图 6-12 所示，其实物图如图 6-13 所示。

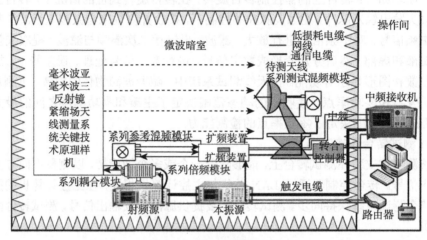

图 6-12　暗室的整体布局

图 6-13　暗室的整体布局实物图

第7章   三反射紧缩场天线测量系统的性能评估

三反射紧缩缩场天线测量系统的性能评估，包括但不限于以下工作：馈源加工、镜面加工以及静场测试、对比测试等部分。

7.1   馈 源 测 试

毫米波亚毫米波三反射镜紧缩场天线测量系统中的馈源主要用来将高频电流转换成电磁波，并向反射面投射或接收聚集于反射面的电磁波。作为紧缩场系统的关键部件，其性能的好坏将直接影响整个紧缩场系统的工作效率和测量精度。因此对馈源的性能尤为重要，高频波纹喇叭可以作为馈源的理想选择。设计和加工完成的波纹喇叭如图 7-1 所示。

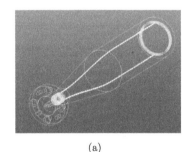 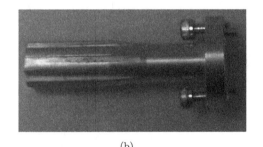

(a)   (b)

图 7-1   设计加工的用于原理样机的波纹喇叭馈源

(a) 设计效果图; (b) 实物图

馈源的测量采用的是近远场结合的方法进行。从测量的结果可以看出，测量结果保持了非常好的高斯波束的特性，如图 7-2 和图 7-3 所示。由此验证了加工精度能够保证馈源在 −30dB 以上的范围内保持很高的纯度。另外，从图 7-3 可以看出，远场测量的结果在 −35dB 以上的范围内保持很高的纯度。

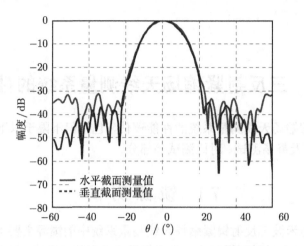

图 7-2　近场测试 110GHz 时喇叭馈源方向图

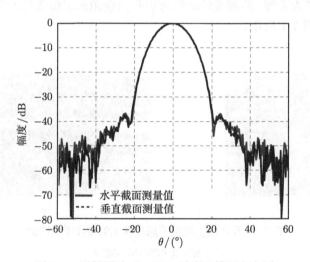

图 7-3　远场测试 275GHz 时喇叭馈源方向图

7.2　镜面的加工与测试

原理样机将装在一个整体框架中, 其机械建模示意图如图 7-4~图 7-6 所示。在加工时将考虑系统的自重变形、温度变形、应力变形等因素的影响, 对总体机械设计进行优化。赋形反射镜的加工误差如图 7-7 所示。

图 7-4　三反射镜紧缩场原理样机的 2 个副反射镜

图 7-5　三反射镜紧缩场原理样机的部分支架

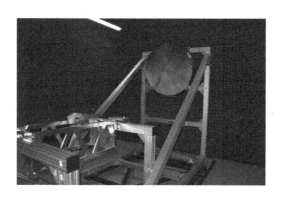

图 7-6　组装好的三反射镜系统

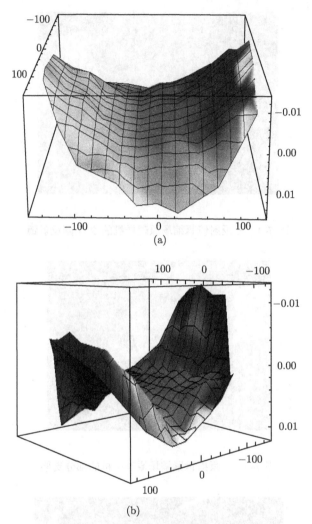

(a)

(b)

图 7-7　测量所得赋形镜镜面加工误差

(a) 第一副反射镜镜面加工误差; (b) 第二副反射镜镜面加工误差

通过对其表面精度进行测量，得到主镜面的形面精度在 3μm 之内，而两个副反射镜的形面精度均在 5μm 之内。

7.3　静区的测量

静区的测量主要采用的是近场扫描的方法，扫描示意图如图 7-8 所示。在暗室之内架设有光学平台，并在光学平台上架设二维扫描架系统。扫描架系统 1m 行程内的直线度为 30μm。平面度为 8μm 以内。为了实现自动控制测量,设计了自动控制软件,使得控制机械扫描系统及电学系统能够配合,实现全自动控制测量。

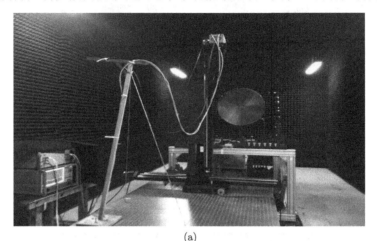

(a)

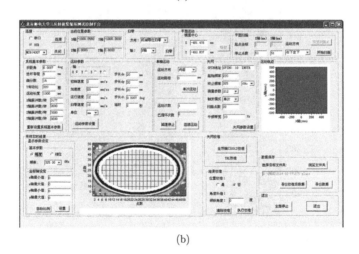

(b)

图 7-8 平面扫描自动测试系统

(a) 平面扫描整体框架; (b) 自动扫描及数据采集显示软件

测量设备采用的是中国电子科技集团公司第四十一研究所的矢量网络分析仪加扩频头组合方案。同时,利用激光跟踪仪对整个三反射面系统进行了光学校准,测量出了扫描架系统与三反射镜光学系统的相对位置,用于进行校准测量。如图 7-9 所示,在未校准的情况下,扫描架的光学轴与三反的光学轴存在着角度上的偏差,这与激光测量数据是相吻合的。在整个静区范围内,幅度抖动并不明显,基本在 1.2dB 以内;相位可以看到几乎仅有水平方向的倾斜。

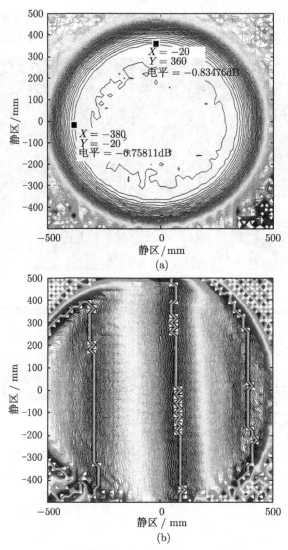

图 7-9   未进行校准时的幅度 (a) 和相位 (b) 分布

测量主要是分两个频段进行，也就是 170~220GHz 和 220~325GHz，并取了大量的频点进行静区的考察。在 170~220GHz 内可以看到：

(1) 幅度抖动在 183GHz 以下以及 208GHz 以上开始变大，主要表现在静区边缘比较陡峭，这可能跟馈源的辐射方向图在偏离中心频率时性能下降以及接收机的边缘频率有关。从 183~198GHz，在 70% 的利用率下几乎能满足 1dB 抖动的要求。

(2) 相位在 70% 利用率的范围内能满足小于 18° 的要求，某些截面在接近 70% 的利用率下能达到 10° 的抖动，如 193GHz 以及 198GHz 的水平截面，但垂直截面稍差。

在 220~325GHz 内可以看到:

(1) 幅度抖动在 275GHz 以下以及 305GHz 以上开始变大,主要表现在静区边缘比较陡峭,这可能跟馈源的辐射方向图在偏离中心频率时性能下降以及接收机的边缘频率有关。从 275~305GHz,在 70% 的利用率下能满足 1dB 抖动的要求。

(2) 相位在 70% 利用率的范围内大体能满足小于 20° 的要求,不少截面在接近 70% 的利用率下能达到 15° 的抖动,但是垂直截面明显要比水平截面性能差。

从测量结果,如图 7-10~图 7-27 所示,可以得出以下结论:

(1) 幅度抖动上,在 70% 的利用率下,183~198GHz 频段几乎能满足 1dB 抖动的要求,275~305GHz 能满足 1dB 抖动的要求。

(2) 相位抖动上,在 70% 利用率下,170~220GHz 频段能满足小于 18° 的要求,220~325GHz 频段能满足小于 20° 的要求,两个频段的中心频段都能满足 15° 的要求。

(3) 220~325GHz 频段垂直截面性能较差,主要是因为在校准了垂直截面 Z 方向的偏差后,垂直截面相位抖动增大,比水平的要大 ~5°。

(4) 在不校准垂直截面 Z 方向的偏差情况下,193GHz 以及 198GHz 两个截面在 70% 的利用率下能满足幅值扰动小于 1dB,相位扰动小于 10° 的要求;275~305GHz 两个截面在 70% 的利用率下能满足幅值扰动小于 1dB,相位扰动小于 15° 的要求。

(5) 在垂直截面的相位分布上,有可能是扫描架的不稳定性刚好补偿了垂直截面的相位抖动,校准后的也许才是比较真实的相位分布。

(6) 从二维分布来说,并非所有的方向抖动都一样,可能存在比我们现在测的截面更好的方向,即我们测试的也许并非抖动最小的截面。

(7) 影响的因素:馈源的前后位置以及微小的倾斜、电缆的抖动、接收机测试的稳定性 (一个截面测试时间约 15min)。

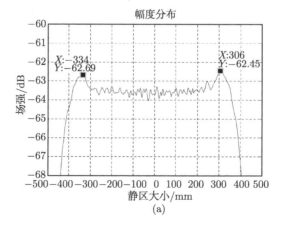

(a)

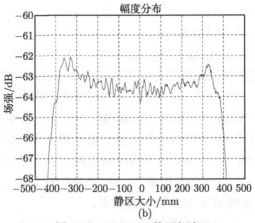

图 7-10　173GHz 静区幅度

(a) 水平截面; (b) 垂直截面

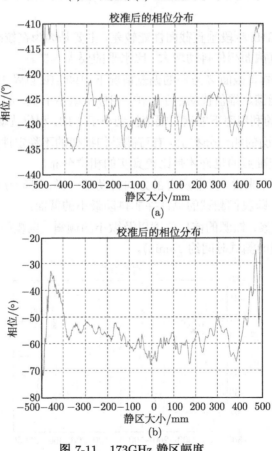

图 7-11　173GHz 静区幅度

(a) 水平截面; (b) 垂直截面

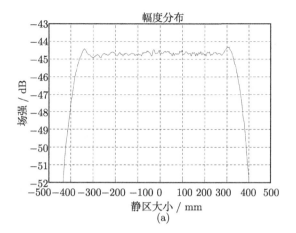

(a)

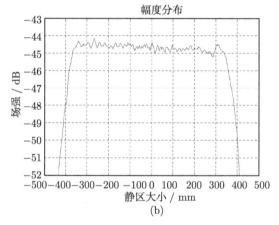

(b)

图 7-12 198GHz 静区幅度

(a) 水平截面; (b) 垂直截面

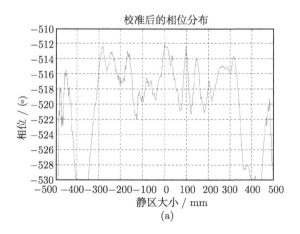

(a)

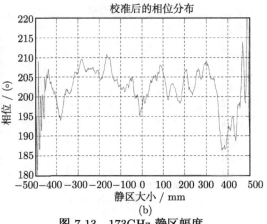

(b)

图 7-13　173GHz 静区幅度

(a) 水平截面; (b) 垂直截面

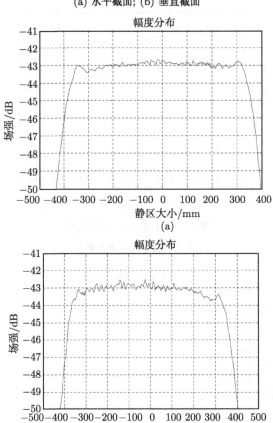

图 7-14　208GHz 静区幅度

(a) 水平截面; (b) 垂直截面

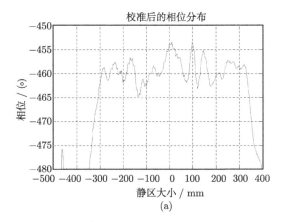

(a)

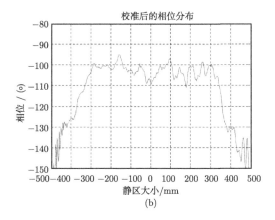

(b)

图 7-15 208GHz 静区幅度

(a) 水平截面; (b) 垂直截面

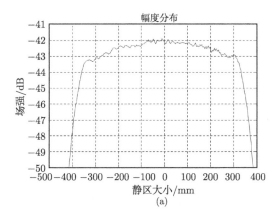

(a)

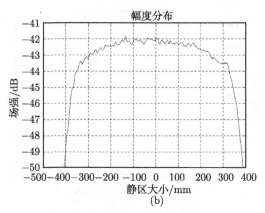

图 7-16　218GHz 静区幅度

(a) 水平截面; (b) 垂直截面

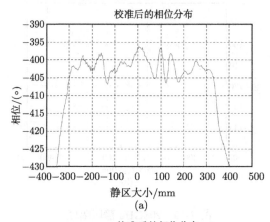

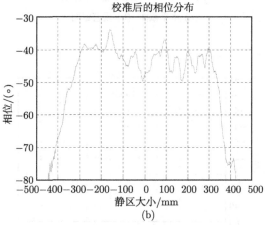

图 7-17　218GHz 静区幅度

(a) 水平截面; (b) 垂直截面

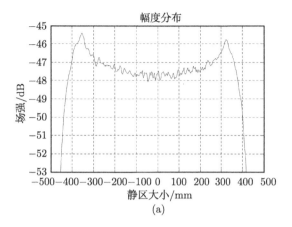

(a)

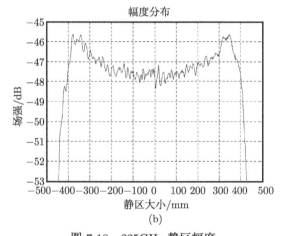

(b)

图 7-18 225GHz 静区幅度

(a) 水平截面; (b) 垂直截面

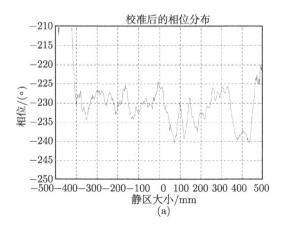

(a)

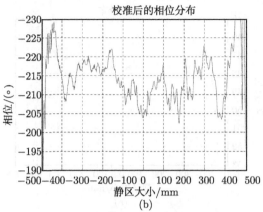

图 7-19   225GHz 静区幅度

(a) 水平截面; (b) 垂直截面

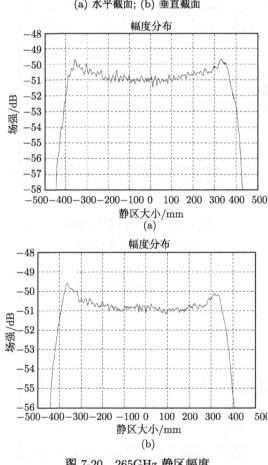

图 7-20   265GHz 静区幅度

(a) 水平截面; (b) 垂直截面

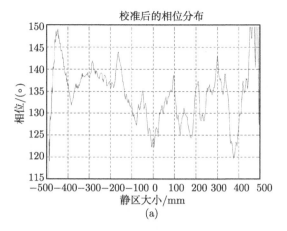

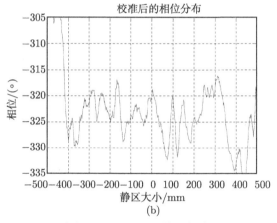

图 7-21 265GHz 静区幅度

(a) 水平截面; (b) 垂直截面

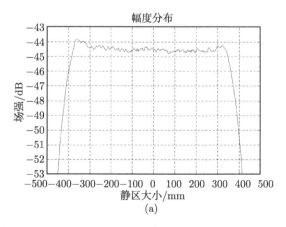

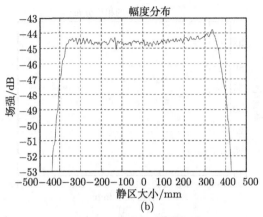

图 7-22　285GHz 静区幅度

(a) 水平截面; (b) 垂直截面

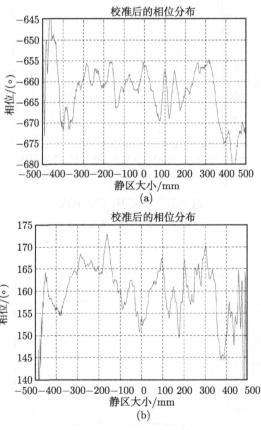

图 7-23　285GHz 静区幅度

(a) 水平截面; (b) 垂直截面

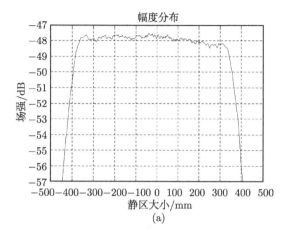

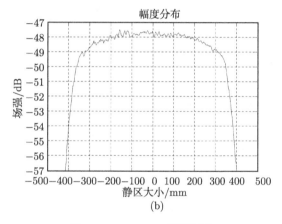

图 7-24 315GHz 静区幅度

(a) 水平截面;(b) 垂直截面

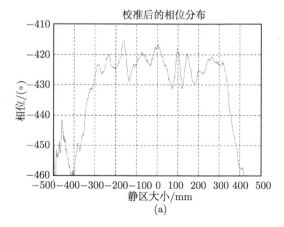

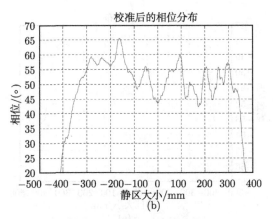

图 7-25　315GHz 静区幅度

(a) 水平截面;(b) 垂直截面

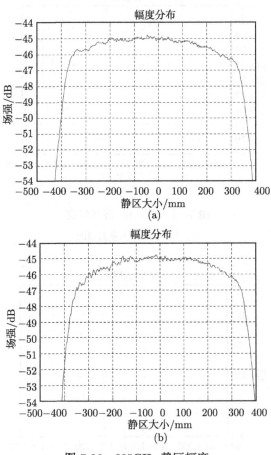

图 7-26　325GHz 静区幅度

(a) 水平截面;(b) 垂直截面

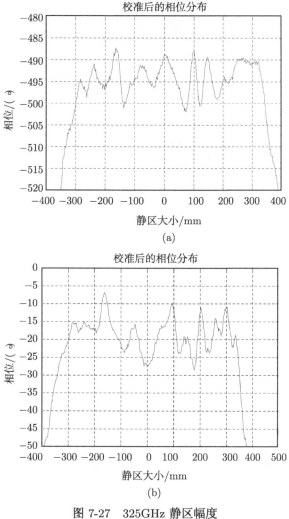

图 7-27 325GHz 静区幅度

(a) 水平截面;(b) 垂直截面

7.4 对 比 测 量

利用标准喇叭天线在 323GHz 处进行对比测量。其中,远场测量结果在伦敦大学玛丽女王学院进行。另外,三反射镜紧缩场天线测量系统在北京邮电大学进行测量。用于测量的喇叭如图 7-28 所示。

从图 7-29 可以看到,远场测量与紧缩场测量对比可知,紧缩场测量的结果与远场测量结果在主瓣的符合度可以达到 −40dB。

图 7-28   用于对比测量的喇叭

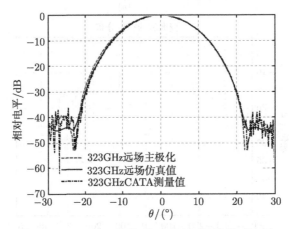

图 7-29   323GHz 标准喇叭天线测量结果对比图

7.5   总   结

三反射镜紧缩场测量系统是新型毫米波与太赫兹波段的天线测量系统。这里介绍的是其先导性原理样机 (静区为 700mm, 静区性能达到幅度抖动 1dB, 相位抖动 10°) 的研制内容, 作为下一步研制更大口径的紧缩场系统的基础, 将为我国毫米波与太赫兹电大口径天线提供有效的测量手段。可以达到 700mm, 静区性能达到幅度抖动 1dB, 相位抖动 10°。从对比测量来看, 其测量性能能达到与远场一样的测量效果。

该新型三反射镜紧缩场测量系统的开发成功, 可以为我国亚毫米波波段的电大口径天线提供系统的测量手段。

附录一 几何光学法概论

1. 几何光学的一些基本概念

严格地讲，电磁场的问题只有通过麦克斯韦方程组的求解才能解决。但在很多情况下，都能通过一定的近似条件近似方法来得到一些近似解。几何光学法就是在假设波长相对于物体的特征尺寸极小时的一种近似方法。

几何光学法又称为射线法，它不考虑光的波动性，仅以光的直线传播为基础。几何光学的基本原理可以归纳为以下几点[1-6]：

(1) 光的直线传播定律，在均匀介质中，光线是一条直线；

(2) 由不同方向的光或不同物体发出的光线相交时，第一光线独立传播不发生影响，也即不产生耦合；

(3) 光的反射定律与折射定律；

(4) Fermat 原理，光线沿传播时间为极值的路径传播；

(5) 能量守恒定律，光线在传播过程中能量守恒。

在几何光学中，通常光线是没有大小尺寸的，但在计算电磁学中的光线或射线，是有大小的，通常有两种定义方式：一种是射线管，一种是波带，如图 1～图 3 所示。实际上，这两种定义方式是等效的。

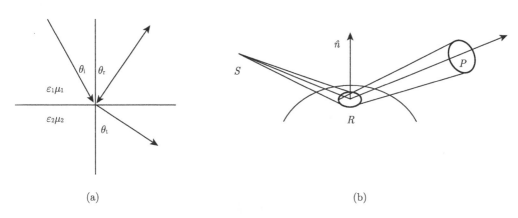

(a)   (b)

图 1　反射定律及计算电磁学中的反射方式

(a) Snell 定律; (b) 计算电磁学中的反射

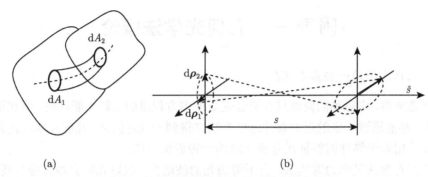

图 2   计算电磁学中射线的两种表达方式

(a) 射线管; (b) 波带

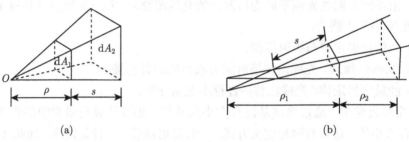

图 3   几何光学部分定律

(a) 球面波传播; (b) 像散波传播

对于图 3 中的射线, 要求能量守恒定律, 因此波阵面元 dA_1 与 dA_2 上的能量相等, 也即

$$\frac{dA_1}{\rho^2} = \frac{dA_2}{(\rho + s)^2} \tag{1}$$

由此可以得到面元上的场强:

$$|\boldsymbol{E}_2| = |\boldsymbol{E}_2| \frac{\rho}{\rho + s} \tag{2}$$

对于像散波:

$$\boldsymbol{E}_2 = \boldsymbol{E}_1 \sqrt{\frac{\rho_1 \rho_2}{(\rho_1 + s)(\rho_2 + s)}} e^{-jks} \tag{3}$$

在几何绕射理论 (GTD) 中以上公式仍然用到。

几何光学只处理入射线、反射线和折射线。按此处理在空间中某些区域 (如被物理挡遮的区域) 就会产生与实际情况不相符的情形。Keller 提出的 GTD, 它是一种电磁散射的近似理论[6]。GTD 引入了一种新的射线, 即绕射线, 它不仅消除了几何光学边界场的不连续性, 而且对几何光学阴影区的零场进行了修正。一般情况下，GTD 主要由图 4 中几种绕射情况组成，可以组合成其他各种形式的模型。空间场可以表示为入射场、反射场与绕射场三部场的叠加：

$$\boldsymbol{E}_{\mathrm{T}} = \boldsymbol{E}^{\mathrm{i}} u^{\mathrm{i}} + \boldsymbol{E}^{\mathrm{r}} u^{\mathrm{r}} + \boldsymbol{E}^{\mathrm{s}} u^{\mathrm{s}} \tag{4}$$

式中，u 表示阶跃函数，当观察点在相应的光亮区时，$u = 1$，否则为 0。

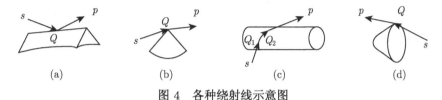

图 4　各种绕射线示意图

(a) 直边绕射; (b) 尖顶绕射; (c) 圆柱爬行波; (d) 环形绕射

衍射场的具体表达式，在文献 [1]~[6] 中都有详细介绍。图 5 是直劈的情形的绕射，图 6 为平面波垂直照射到半平面的结果。

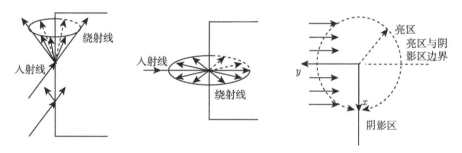

图 5　直劈的绕射，Keller 绕射圆锥

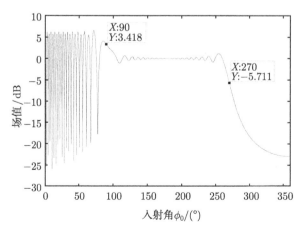

图 6　平面波垂直照射到半平面的衍射结果

观察点与边缘相距 10 倍波长。该分量为水平极化分量

2. 曲面及波前

一般来说，曲面和波前都能用二阶议程来表示，有时又称为抛物面展开，如图 7 所示，用向量的形式可以表示为

$$z = -\frac{1}{2}\boldsymbol{x} \cdot \boldsymbol{C}\boldsymbol{x} \tag{5}$$

式中，$\boldsymbol{x}$ 是位置向量，并可表示为一个 2×2 的对称矩阵表示曲面矩阵 $\boldsymbol{C}$ (对于波前，则用 $\boldsymbol{Q}$ 表示)。

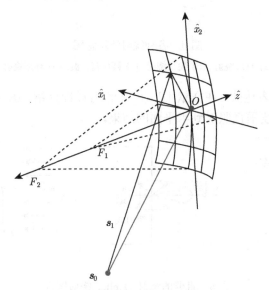

图 7   用双抛物面展开法表示曲面和波前

3. 反射面上的曲率变化关系

在这里，角标 i 表示入射波，而 r 表示反射波。在点 $\boldsymbol{x}$ 处 ($z = 0$ 平面) 的相位可以表示为 $\frac{1}{2}k\boldsymbol{x} \cdot \boldsymbol{C}\boldsymbol{x}$，当然，这里丢了高次项。而更一般的点，$\boldsymbol{r} = (\boldsymbol{x}, z)$ 的相位可以表示为 $kS(\boldsymbol{r})$:

$$S(\boldsymbol{r}) = z + \frac{1}{2}\boldsymbol{x} \cdot \boldsymbol{C}\boldsymbol{x} \tag{6}$$

图 8 表示波束入射到一曲面，在 Q_R 附近处，反射方程可以写成

$$\boldsymbol{r}(\boldsymbol{t}) = \boldsymbol{t} - \frac{1}{2}(\boldsymbol{t} \cdot \boldsymbol{C}\boldsymbol{t})\hat{n} \tag{7}$$

其中

$$\boldsymbol{t} = t_1\boldsymbol{u}_1 + t_2\boldsymbol{u}_2 \tag{8}$$

入射波的相位是 $kS(\boldsymbol{r})$:

$$S(\boldsymbol{r}) = z_{\mathrm{i}} + \frac{1}{2}\boldsymbol{x}_{\mathrm{i}} \cdot Q_{\mathrm{i}}\boldsymbol{x}_{\mathrm{i}} \tag{9}$$

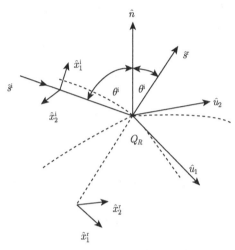

图 8 反射示意图

$\hat{n}$ 与 $\hat{s}^{\mathrm{i}}$ 的角度为 $\pi - \theta$,$\hat{u}_1$ 和 $\hat{u}_2$ 都垂直于 $\hat{n}$

坐标 $(\boldsymbol{x}, z)$ 及 $\boldsymbol{r}(\boldsymbol{t})$(入射及反射) 为

$$\begin{cases} \boldsymbol{x} = \boldsymbol{\Theta}\boldsymbol{t} + 0\left(\boldsymbol{t}^2\right) \\ z = \boldsymbol{v} \cdot \boldsymbol{t} - \dfrac{1}{2}\boldsymbol{t} \cdot \boldsymbol{C}\boldsymbol{t}\cos\left(\pi - \theta\right) + 0\left(\boldsymbol{t}^3\right) \end{cases} \tag{10}$$

式中

$$\boldsymbol{C} = \begin{pmatrix} \dfrac{1}{R_1} & 0 \\ 0 & \dfrac{1}{R_2} \end{pmatrix} \tag{11}$$

而 $\boldsymbol{\Theta}$ 为 $\boldsymbol{t}$ 在平面 $z = 0$ 上的投影:

$$\boldsymbol{\Theta} = \begin{pmatrix} \hat{x}_1 \cdot \hat{u}_1 & \hat{x}_1 \cdot \hat{u}_2 \\ \hat{x}_2 \cdot \hat{u}_1 & \hat{x}_2 \cdot \hat{u}_2 \end{pmatrix} \tag{12}$$

式 (10) 中,$\boldsymbol{v}$ 为

$$\begin{aligned} \boldsymbol{v} &= v_1\hat{u}_1 + v_2\hat{u}_2 \\ &= (\hat{z} \cdot \hat{u}_1)\,\hat{u}_1 + (\hat{z} \cdot \hat{u}_2)\,\hat{u}_2 \end{aligned} \tag{13}$$

所以 $S(r)$ 可写为

$$\begin{aligned}
S(r) &= z + \frac{1}{2}\boldsymbol{x} \cdot \boldsymbol{Q}\boldsymbol{x} \\
&= \boldsymbol{v} \cdot \boldsymbol{t} - \frac{1}{2}\boldsymbol{t} \cdot \boldsymbol{C}\boldsymbol{t}\cos(\pi - \theta) + \frac{1}{2}\boldsymbol{\Theta}\boldsymbol{t} \cdot \boldsymbol{Q}\boldsymbol{\Theta}\boldsymbol{t} \\
&= \boldsymbol{v} \cdot \boldsymbol{t} + \frac{1}{2}\boldsymbol{t} \cdot \left[\boldsymbol{\Theta}^{\mathrm{T}}\boldsymbol{Q}\boldsymbol{\Theta} - C\cos(\pi - \theta)\right]\boldsymbol{t}
\end{aligned} \tag{14}$$

通过相位匹配，也就是入射相位等于反射相位

$$k_{\mathrm{i}}S_{\mathrm{i}} = k_{\mathrm{r}}S_{\mathrm{r}} \tag{15}$$

将式 (14) 与式 (15) 联立，可得

$$\begin{aligned}
&k_{\mathrm{i}}\boldsymbol{v}_{\mathrm{i}} \cdot \boldsymbol{t}_{\mathrm{i}} + \frac{1}{2}k_{\mathrm{i}}\boldsymbol{t}_{\mathrm{i}} \cdot \left[\boldsymbol{\Theta}_{\mathrm{i}}^{\mathrm{T}}\boldsymbol{Q}_{\mathrm{i}}\boldsymbol{\Theta}_{\mathrm{i}} - C\cos(\pi - \theta_{\mathrm{i}})\right]\boldsymbol{t}_{\mathrm{i}} \\
&= k_r\boldsymbol{v}_{\mathrm{r}} \cdot \boldsymbol{t}_{\mathrm{r}} + \frac{1}{2}k_r\boldsymbol{t}_{\mathrm{r}} \cdot \left[\boldsymbol{\Theta}_{\mathrm{r}}^{\mathrm{T}}\boldsymbol{Q}_{\mathrm{r}}\boldsymbol{\Theta}_{\mathrm{r}} - C\cos(\pi - \theta_{\mathrm{r}})\right]\boldsymbol{t}_{\mathrm{r}}
\end{aligned} \tag{16}$$

将式 (17) 中的线性项及二次项相匹配，得到

$$\boldsymbol{k}_i\left[\boldsymbol{\Theta}_{\mathrm{i}}^{\mathrm{T}}\boldsymbol{Q}_{\mathrm{i}}\boldsymbol{\Theta}_{\mathrm{i}} - C\cos(\pi - \theta_{\mathrm{i}})\right] = k_r\left[\boldsymbol{\Theta}_{\mathrm{r}}^{\mathrm{T}}\boldsymbol{Q}_{\mathrm{r}}\boldsymbol{\Theta}_{\mathrm{r}} - C\cos(\pi - \theta_{\mathrm{r}})\right] \tag{17}$$

或者写成

$$k_{\mathrm{r}}\boldsymbol{\Theta}_{\mathrm{r}}^{\mathrm{T}}\boldsymbol{Q}_{\mathrm{r}}\boldsymbol{\Theta}_{\mathrm{r}} = k_{\mathrm{i}}\boldsymbol{\Theta}_{\mathrm{i}}^{\mathrm{T}}\boldsymbol{Q}_{\mathrm{i}}\boldsymbol{\Theta}_{\mathrm{i}} + \left[k_{\mathrm{i}}\cos\theta_{\mathrm{i}} - k_{\mathrm{r}}\cos\theta_{\mathrm{r}}\right]C \tag{18}$$

如是 $k_{\mathrm{i}} = k_{\mathrm{r}}, \theta_{\mathrm{i}} = \theta_{\mathrm{r}} = \theta$，式 (18) 可以写成

$$\boldsymbol{\Theta}_{\mathrm{r}}^{\mathrm{T}}\boldsymbol{Q}_{\mathrm{r}}\boldsymbol{\Theta}_{\mathrm{r}} = \boldsymbol{\Theta}_{\mathrm{i}}^{\mathrm{T}}\boldsymbol{Q}_{\mathrm{i}}\boldsymbol{\Theta}_{\mathrm{i}} + 2\cos\theta C \tag{19}$$

利用 Snell 定理，可得

$$\hat{x}_{1,2}^{\mathrm{r}} = \hat{x}_{1,2}^{\mathrm{i}} - 2\left(\hat{n} \cdot \hat{x}_{1,2}^{\mathrm{i}}\right)\hat{n} \tag{20}$$

入射波的矩阵可写为

$$\boldsymbol{Q}_i = \begin{pmatrix} \dfrac{1}{R_1^{\mathrm{i}}} & 0 \\[2mm] 0 & \dfrac{1}{R_2^{\mathrm{i}}} \end{pmatrix} \tag{21}$$

根据定义

$$\boldsymbol{\Theta}_{\mathrm{i}} = \begin{pmatrix} \hat{x}_1^{\mathrm{i}} \cdot \hat{u}_1 & \hat{x}_1^{\mathrm{i}} \cdot \hat{u}_2 \\ \hat{x}_2^{\mathrm{i}} \cdot \hat{u}_1 & \hat{x}_2^{\mathrm{i}} \cdot \hat{u}_2 \end{pmatrix} \tag{22}$$

并且

$$\hat{u}_i \cdot \hat{x}_j^{\text{r}} = \hat{x}_j^{\text{i}} \cdot \hat{u}_i - 2\left(\hat{n} \cdot \hat{x}_j^{\text{i}}\right)\left(\hat{n} \cdot \hat{u}_i\right) = \hat{u}_i \cdot \hat{x}_j^{\text{i}} \tag{23}$$

因此，我们得到

$$\boldsymbol{\Theta}_i = \boldsymbol{\Theta}_r = \boldsymbol{\Theta} \tag{24}$$

最终得到

$$\boldsymbol{Q}_{\text{r}} = \boldsymbol{Q}_{\text{i}} + 2\left(\boldsymbol{\Theta}^{\text{T}}\right)^{-1} \boldsymbol{C} \boldsymbol{\Theta}^{-1} \cos\theta \tag{25}$$

因为 $\boldsymbol{Q}_{\text{r}}$ 是对称的，所以

$$\boldsymbol{Q}_{\text{r}} = \begin{pmatrix} Q_{11}^{\text{r}} & Q_{12}^{\text{r}} \\ Q_{12}^{\text{r}} & Q_{22}^{\text{r}} \end{pmatrix} \tag{26}$$

通过解式 (25)

$$Q_{11}^{\text{r}} = \frac{1}{R_1^{\text{i}}} + \frac{2\cos\theta}{|\boldsymbol{\Theta}|}\left[\frac{\Theta_{22}^2}{R_1} + \frac{\Theta_{21}^2}{R_2}\right] \tag{27}$$

$$Q_{12}^{\text{r}} = -\frac{2\cos\theta}{|\boldsymbol{\Theta}|}\left[\frac{\Theta_{22}\Theta_{12}}{R_1} + \frac{\Theta_{11}\Theta_{21}}{R_2}\right] \tag{28}$$

$$Q_{22}^{r} = \frac{1}{R_2^{\text{i}}} + \frac{2\cos\theta}{|\boldsymbol{\Theta}|}\left[\frac{\Theta_{12}^2}{R_1} + \frac{\Theta_{11}^2}{R_2}\right] \tag{29}$$

将 $\boldsymbol{Q}_{\text{r}}$ 对角化，其特征值为

$$\left(Q_{11}^{\text{r}} - \frac{1}{R^{\text{r}}}\right)\left(Q_{22}^{\text{r}} - \frac{1}{R^{\text{r}}}\right) - \left(Q_{12}^{\text{r}}\right)^2 = 0 \tag{30}$$

$$\left(\frac{1}{R^{\text{r}}}\right)^2 - \left(Q_{11}^{\text{r}} + Q_{22}^{\text{r}}\right)\frac{1}{R^{\text{r}}} + Q_{11}^{\text{r}} + Q_{22}^{\text{r}} - \left(Q_{12}^{\text{r}}\right)^2 = 0 \tag{31}$$

$$\frac{1}{R_{1,2}^{\text{r}}} = \frac{Q_{11}^{\text{r}} + Q_{22}^{\text{r}} \pm \sqrt{\left(Q_{11}^{\text{r}} + Q_{22}^{\text{r}}\right)^2 - 4\left[Q_{11}^{\text{r}} + Q_{22}^{\text{r}} - \left(Q_{12}^{\text{r}}\right)^2\right]}}{2} \tag{32}$$

参 考 文 献

[1] 李永俊. 电磁理论的高频方法. 武汉：武汉大学出版社，1998

[2] Harrington R F. Time-harmonic Electromagnetic Fields. New York: McGraw Hill, 1961

[3] Johansen P M.Uniform physical theory of diffraction equivalent edge currents for truncated wedge strips. IEEE Trans. on Antenna and Propagation, 1996, 44(7):989-995

[4] 何国瑜，卢才成，洪家才，等. 电磁散射的计算和测量. 北京：北京航空航天大学出版社，2006

[5] 叶云裳. 航天器天线 (下)—— 工程与新技术. 北京：中国科学技术出版社，2007

[6] Keller J B. Geometrical theory of diffraction. Journal of the Optical Society of America, 1961, 52(2):116-130

附录二 物理光学法概论

传统反射面天线的常用分析方法主要分为两种：几何光学法和物理光学法。几何光学，或者称为射线光学，最初是被发展用来分析光的传播。在分析反射面天线时，几何光学根据射线方程建立射线管，假设射线是能量流，在射线管内几何光学场幅度的变化由能量守恒定律确定。几何光学法能用一个已知点的场值来近似地表示另一个点的场值，严格地说这个结果只是近似的，因此几何光学法在波长趋于零时结果将变得更加准确。但是，当源点和场点固定时，如果对反射面天线的表面反射应用几何光学法，是通过反射定律来确定观测点的。换句话说，我们仅仅是获得了一个方向 (反射反向) 的反射场信息，而典型的反射是在一个角度范围扩散的，这是几何光学法的不足之处。为了得到反射方向上的反射场参数，需要考虑反射面上的电流，通过对表面电流进行积分并根据麦克斯韦方程得到反射场，这是物理光学法的范畴。

1. 反射面感应电流密度

物理光学法通过对表面电流进行积分并根据麦克斯韦方程得到反射场，为了计算反射面的辐射特性，必须首先知道反射面的表面感应电流密度。

电流密度 J_s 根据反射面磁场得到：

$$J_s = \hat{n} \times H = \hat{n} \times \left(H^{\mathrm{i}} + H^{\mathrm{r}} \right) \tag{1}$$

其中, $\hat{n}$ 是反射面天线表面的法向单位矢量; H^{i} 和 H^{r} 分别是反射面天线表面的入射和反射磁场。

反射点附近的微分区域近似为无限大的平面，根据镜像原理

$$\hat{n} \times H^{\mathrm{i}} = \hat{n} \times H^{\mathrm{r}} \tag{2}$$

则电流密度可以重新写成以下形式：

$$J_s = \hat{n} \times H = \hat{n} \times \left(H^{\mathrm{i}} + H^{\mathrm{r}} \right) = 2\hat{n} \times H^{\mathrm{i}} = 2\hat{n} \times H^{\mathrm{r}} \tag{3}$$

式 (3) 的电流密度近似方法是物理光学法的近似，它表示在理想导体表面 H 场的切向分量是两倍于同样源的磁场，这个公式也将使用在物理光学法的积分公式中，以便求出反射场。当反射面的口径 D 相对于入射波的波长 λ 比较大时，这种近似是有效的。

2. 物理光学法计算过程

物理光学法可以用来检测反射面天线的散射场，特别是在对毫米波和亚毫米波频段，在电大天线的分析中物理光学法是一种常用的分析方法。相比较于几何光

学法, 物理光学法可以得到相同的散射场, 而且物理光学法在高频条件下得到的散射场比几何光学法更加精确。事实上, 在物理光学法中, 假定反射面天线的反射表面场是几何光学表面场, 这就意味着在反射面的每一个反射点上, 反射近似是在该点无限大的切平面上发生的, 而在反射面的阴影区域, 表面上的反射场为零, 如图 1 所示。

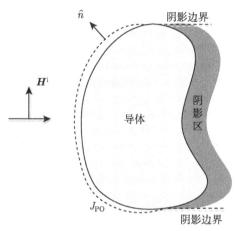

图 1　理想导体上的物理光学电流

对于一个理想导电物体, 假定反射面上的物理光学电流是

$$J_{PO} = \begin{cases} 2\hat{n} \times H^i & (\text{照射区}) \\ 0 & (\text{阴影区}) \end{cases} \tag{4}$$

根据矢量波动方程和标量波动方程

$$\begin{cases} \nabla^2 A + \omega^2 \mu\varepsilon A = -\mu J \\ \nabla^2 \Phi + \omega^2 \mu\varepsilon \Phi = -\dfrac{\rho}{\varepsilon} \end{cases} \tag{5}$$

因此根据给定的电流 J, 就能够就出 (磁场) 矢量位 A 和 (电场) 标量位 ϕ。

对于如何求解空间矢量位 A, 这里只给出式 (5) 解的结果:

$$A = \iiint_v' \mu J \frac{e^{-j\beta R}}{4\pi R} dv' \tag{6}$$

其中, $\beta^2 = \omega^2 \mu\varepsilon$ 为入射波的相位常数。

如图 2 所示, 对于远场, 假设 s' 为反射面积分区域, 可以近似得到散射场为

$$E^s = -j\omega A = -j\omega\mu \iint J \frac{e^{-j\beta R}}{4\pi R} ds' \tag{7}$$

$$H^s = \frac{1}{\mu}\nabla \times A = \nabla \times \iint J\frac{\mathrm{e}^{-\mathrm{j}\beta R}}{4\pi R}\mathrm{d}s' = \iint \nabla \times \left(J\frac{\mathrm{e}^{\mathrm{j}\beta r}}{4\pi R}\right)\mathrm{d}s' \qquad (8)$$

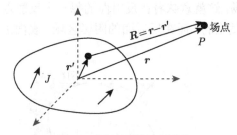

图 2 求解辐射场示意图

应用旋度变换公式 $\nabla \times \left(J\frac{\mathrm{e}^{-\mathrm{j}\beta R}}{4\pi R}\right) = \left(\nabla\frac{\mathrm{e}^{-\mathrm{j}\beta R}}{4\pi R}\right) \times J + \frac{\mathrm{e}^{-\mathrm{j}\beta R}}{4\pi R}(\nabla \times J)$, 且 $\nabla \times J = 0$。则式 (8) 变成

$$H^s = \iint \left(\nabla\frac{\mathrm{e}^{-\mathrm{j}\beta R}}{4\pi R}\right) \times J\mathrm{d}s' \qquad (9)$$

远场计算时, 式 (9) 将使用一般天线远场计算过程中常用的两个近似方法, 幅值中的 $R \approx r$, 相位中的 $R \approx r - \hat{r}\cdot r'$, 则有

$$\nabla\frac{\mathrm{e}^{-\mathrm{j}\beta R}}{4\pi R} = \nabla\frac{\mathrm{e}^{-\mathrm{j}\beta\left(r-\hat{r}\cdot r'\right)}}{4\pi r} = \nabla\left(\frac{\mathrm{e}^{-\mathrm{j}\beta r}\cdot\mathrm{e}^{\mathrm{j}\beta\hat{r}\cdot r'}}{4\pi r}\right) \qquad (10)$$

根据柱坐标下的哈密顿算符公式: $\nabla = \hat{e}_r\frac{\partial}{\partial r} + \hat{e}_\phi\frac{1}{r}\frac{\partial}{\partial \phi} + \hat{e}_z\frac{\partial}{\partial z}$, 式 (10) 将转换为

$$\nabla\frac{\mathrm{e}^{-\mathrm{j}\beta R}}{4\pi R} = \mathrm{e}^{\mathrm{j}\beta\hat{r}\cdot r'}\cdot\nabla\left(\frac{\mathrm{e}^{-\mathrm{j}\beta r}}{4\pi r}\right) = \mathrm{e}^{\mathrm{j}\beta\hat{r}\cdot r'}\hat{r}\frac{-\mathrm{e}^{-\mathrm{j}\beta r}(1+\mathrm{j}\beta r)}{4\pi r^2} \qquad (11)$$

则式 (9) 化为

$$H^s = -\mathrm{e}^{-\mathrm{j}\beta r}\iint (\hat{r} \times J)\frac{1+\mathrm{j}\beta r}{4\pi r^2}\mathrm{e}^{\mathrm{j}\beta\hat{r}\cdot r'}\mathrm{d}s' \qquad (12)$$

一般远场计算中 r 很大, 有 $\beta r \gg 1$, 故有如下近似:

$$H^s = -\mathrm{e}^{-\mathrm{j}\beta r}\frac{\mathrm{j}\beta}{4\pi r}\iint (\hat{r} \times J)\mathrm{e}^{\mathrm{j}\beta\hat{r}\cdot r'}\mathrm{d}s' \qquad (13)$$

从式 (13) 可以看出, 首先, 该散射场中包含入射波的相位常数 β 项, $\beta = \sqrt{\omega^2\mu\varepsilon}$, 因此物理光学法得到的散射场表达式是与频率有关的, 这是与几何光学法不同的地方。其次, 在物理光学法中由于是对反射表面进行的积分, 故在实际的计算过程中, 尤其是对于电大天线的表面积分, 如果选取的积分区域很大, 其计算的时间是相对较长的, 这是物理光学法不得不面对的问题。最后, 物理光学法能够对真实电流的表面产生的散射场提供一种准确的表示, 因此它是应用相当广泛的高频近似方法。